Comprendre la géométrie 5^e

Programme 2005

Travaux dirigés

Bernard Tissot
Professeur à Aix-en-Provence (13)

Serge Cecconi
Professeur à Coublevie (38)

Marie-Christine Lévi
Professeur à Massy (91)

HATIER

Avant-propos

Ce cahier d'activités est strictement conforme au nouveau programme de 5e. Il a pour objectif de permettre au professeur d'animer des séances de travaux dirigées et de gérer plus facilement l'hétérogénéité de sa classe en individualisant son enseignement.

Comme en 6e, ce cahier se compose de 15 chapitres de quatre pages. Il se termine par un résumé des principales notions de géométrie (« À savoir pour la classe de... 4e ») que l'élève pourra conserver pour l'année suivante. À la fin de chaque chapitre, on trouvera une activité (« Pour les petits futés ») faisant appel à l'imagination et à l'initiative de l'élève. À ce niveau, on s'est attaché, en fonction des objectifs du programme, à placer l'élève dans des situations nécessitant implicitement (construction) ou explicitement (demande de justifications), l'utilisation de propriétés.

Afin de prendre en compte la diversité des élèves, on trouvera des activités très variées aussi bien dans la forme que sur le fond.

Au milieu du cahier sont insérées des fiches logiciels qui permettront d'initier les élèves, sur des activités géométriques, à l'utilisation des logiciels Géoplan et Cabri géomètre. Ces fiches sont complémentaires d'activités signalées par le symbole

La présentation sous forme de cahier permet un gain de temps et facilite l'organisation du travail de l'élève qui peut ainsi conserver des exercices complets (énoncé + solution).

Maquette : Stéphanie Capitolin
Réalisation PAO : Graphismes
Schémas : Lydie Boué
Illustrations : Régis Denel

© HATIER, Paris, avril 2006 – ISBN 2-218-**92225**-8

Sommaire

1 • Triangles : constructions 4
2 • Triangles : cercle circonscrit 8
3 • Symétrie centrale 12
4 • Symétries : centrale et axiale 16
5 • Angles 20
6 • Angles et triangles 24
7 • Parallélogrammes 28
8 • Quadrilatères 32
9 • Quadrilatères : raisonner 36
10 • Aires : triangles et hauteurs 40
11 • Aires : triangles et médianes 44
12 • Aires : disques et parallélogrammes 48
13 • Prismes droits 52
14 • Cylindres et volumes 56
15 • Échelles 60

À savoir pour la classe de... 4e 63

Fiches logiciel encartées entre les pages 32 et 33

1. Hauteurs (Géoplan) I
2. Cercle circonscrit (Cabri) II
3. Symétrie centrale (Géoplan) III
4. Angle (Cabri) IV
5. Parallelogrammes (Géoplan) V
6. Quadrilatère (Cabri) VI
7. Prisme (Géoplan) VII
8. Aire (Cabri) VIII

1 • Triangles : constructions

1 | Inégalité triangulaire

CONSTRUIRE

A et B sont deux points tels que **AB = 6 cm**.
On lance deux dés a et b numérotés de 1 à 6, et on suit la règle suivante :

– le numéro marqué sur la face supérieure du dé **a** sera la longueur en cm du segment **[AC]** ;
– le numéro marqué sur la face supérieure du dé **b** sera la longueur en cm du segment **[BC]**.

Construis pour chaque lancer le ou les points **C.**

1er lancer

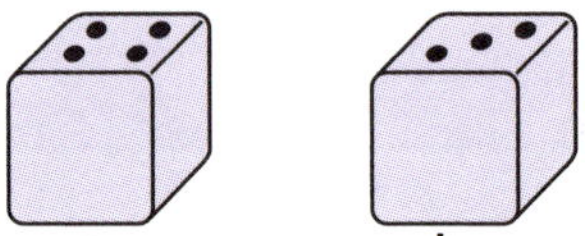

(*Tu obtiendras deux points C possibles que tu noteras C_1 et C_2.*)

a Que représente la droite (AB) pour le segment [C_1C_2] ?

....

b Complète la phrase suivante.

Les points C_1 et C_2 sont ....
par rapport à la droite (AB).

2e lancer

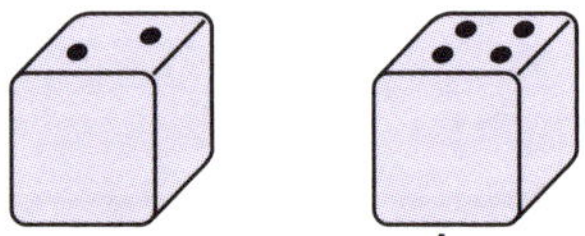

a Que peux-tu dire des points A, B et C ?

....

b Cite tous les lancers tels que C soit un point du segment [AB].

a = ... et b = ...

a = ... et b = ...

a = ... et b = ...

a = ... et b = ...

a = ... et b = ...

3e lancer

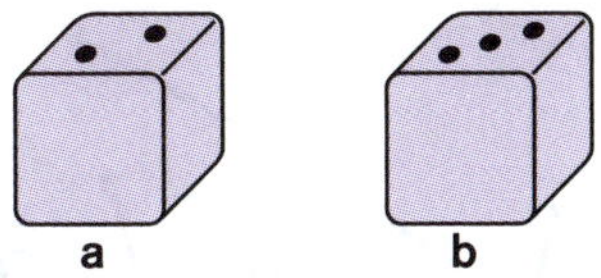

a Le point C existe-t-il ? Pourquoi ?

....

....

b Cite quatre autres lancers pour lesquels le point C n'existe pas.

a = ... et b =.......... ; a = ... et b = ...

a = ... et b =.......... ; a = ... et b = ...

4e lancer

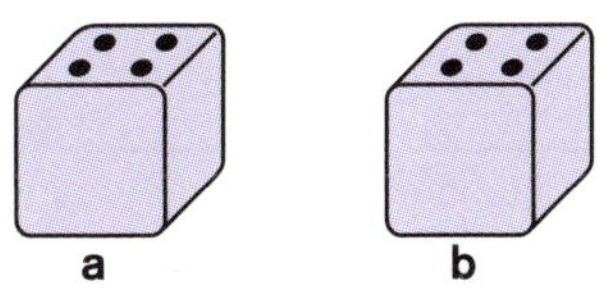

(*Tu obtiendras deux points C possibles que tu noteras C_1 et C_2.)*

a Que peux-tu dire des triangles ABC_1 et ABC_2 ?

....

b Cite huit autres lancers où le triangle ABC est isocèle.
(Attention : le sommet peut être A ou B ou C.)

a = ... et b = ... ; a = ... et b = ... ; a = ... et b = ... ; a = ... et b = ...

a = ... et b = ... ; a = ... et b = ... ; a = ... et b = ... ; a = ... et b = ...

2 | Qui a raison ?

DÉDUIRE

Olivier lit l'énoncé de son exercice : « Construis trois points A, B et C tels que AB = 7,8 cm ; BC = 15,3 cm et AC = 7,5 cm. »

Il fait alors la figure ci-contre.

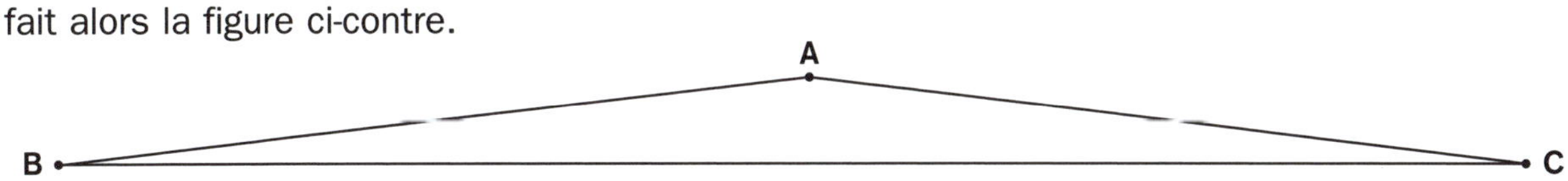

Marc regarde la figure et dit : « Ton dessin est faux. » Olivier prend sa règle graduée et mesure les segments [AB], [AC] et [BC] et dit : « Ma figure est exacte. »
Qui a raison ? Pourquoi ?

....

....

3 | Possible ou impossible ?

DÉDUIRE

Complète le tableau suivant en précisant s'il est **possible** ou **impossible** de construire un **triangle** dans lequel les nombres *a, b, c* sont les longueurs des côtés et justifie ta réponse.

a	*b*	*c*	Possible ?	Justification
3 cm	7 cm	6 cm		
12 cm	9,6 cm	2,4 cm		
7 cm	12 cm	20 cm		
2 dm	32 cm	13 cm		
3,4 m	17 dm	1,8 m		

4 | Constructions de triangles

CONSTRUIRE ET DÉDUIRE

La figure ci-contre est dessinée à « main levée ». Elle est formée de quatre triangles.

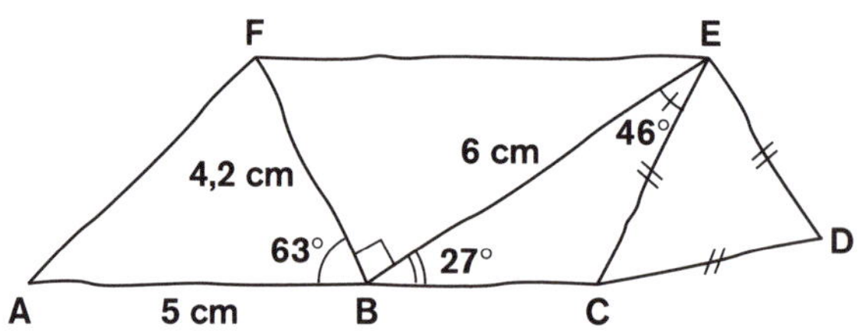

a Construis cette figure en respectant les indications du dessin.

b Les points A, B, C sont-ils alignés ? Pourquoi ?

....

....

5 | Triangles en morceaux

S'ORGANISER ET CONSTRUIRE

Construis **tous** les triangles possibles dont les **côtés sont pris** parmi les segments *a, b, c, d ou e*, et indique sur les côtés des triangles que tu construis les **noms** des segments choisis.

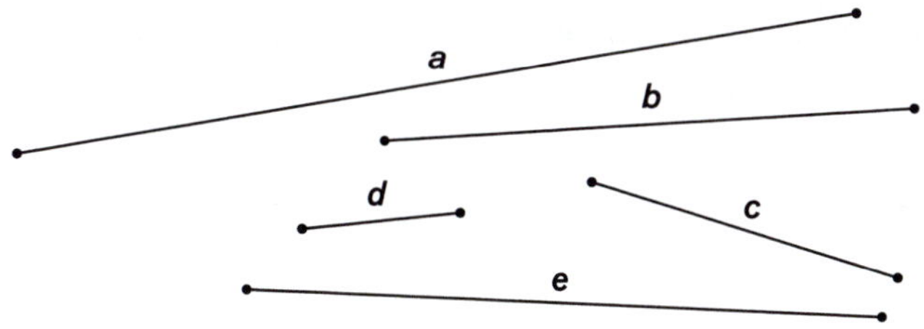

Constructions des triangles :

Pour les petits futés

RAISONNER

On sait que les points **M** et **N** sont tels que les égalités suivantes sont vérifiées :
AC = A**M** + **M**C   et   BD = B**M** + **M**D ;
ND = **N**A + AD   et   **N**C = **N**B + BC.

À toi de trouver où sont les points M et N.

Explique ta réponse.

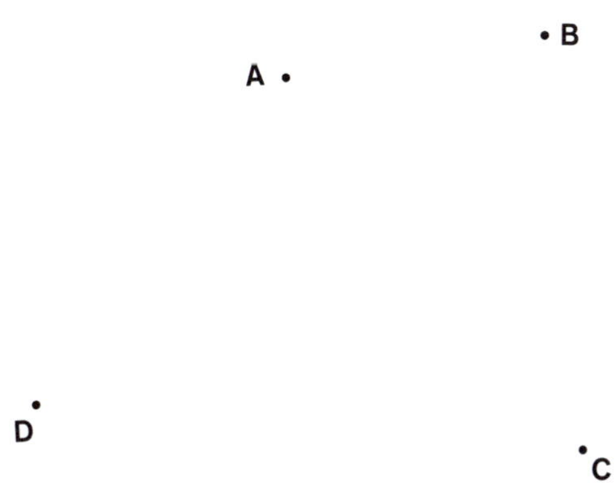

1 | Médiatrice

CONSTRUIRE ET DÉDUIRE

a En utilisant le quadrillage et une règle non graduée trace pour chaque segment sa **médiatrice** (*d*).

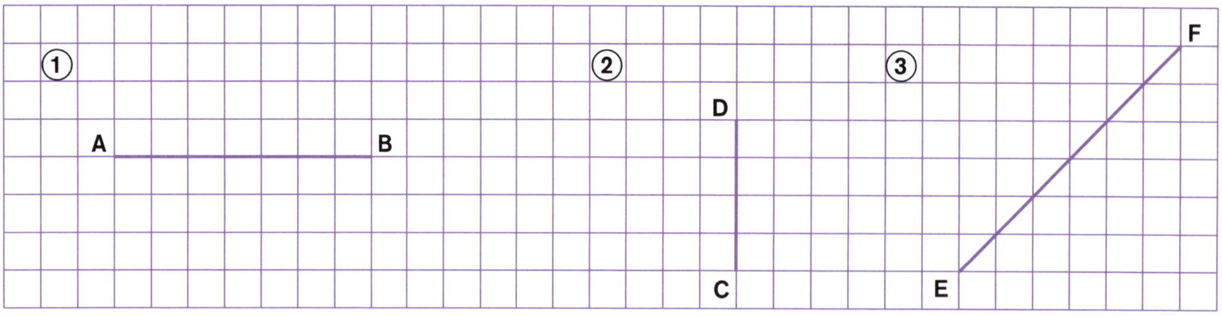

b **1.** Construis des points M, N et P tels que :

– MAB soit un triangle **isocèle** de sommet **M** et MA = 4 cm ;

– NAB soit un triangle **isocèle** de sommet **N** et NA = 6 cm ;

– PAB soit un triangle **isocèle** de sommet **P** et PA = 10,3 cm.

2. Les points M, N et P sont-ils alignés ? Justifie ta réponse.

....

....

3. Place le point I **milieu** du segment [AB]. Quelle est la nature du triangle PIB ? **Justifie** ta réponse.

....

....

c Construis le point C sachant que ABC est un **triangle isocèle** de sommet C et C est un point de la droite (*d*).

2 | Cercle circonscrit

CONSTRUIRE

a En utilisant **uniquement le quadrillage** et une **équerre non graduée**, construis le **centre** du cercle circonscrit de chaque triangle. (Marque ce point en rouge.)

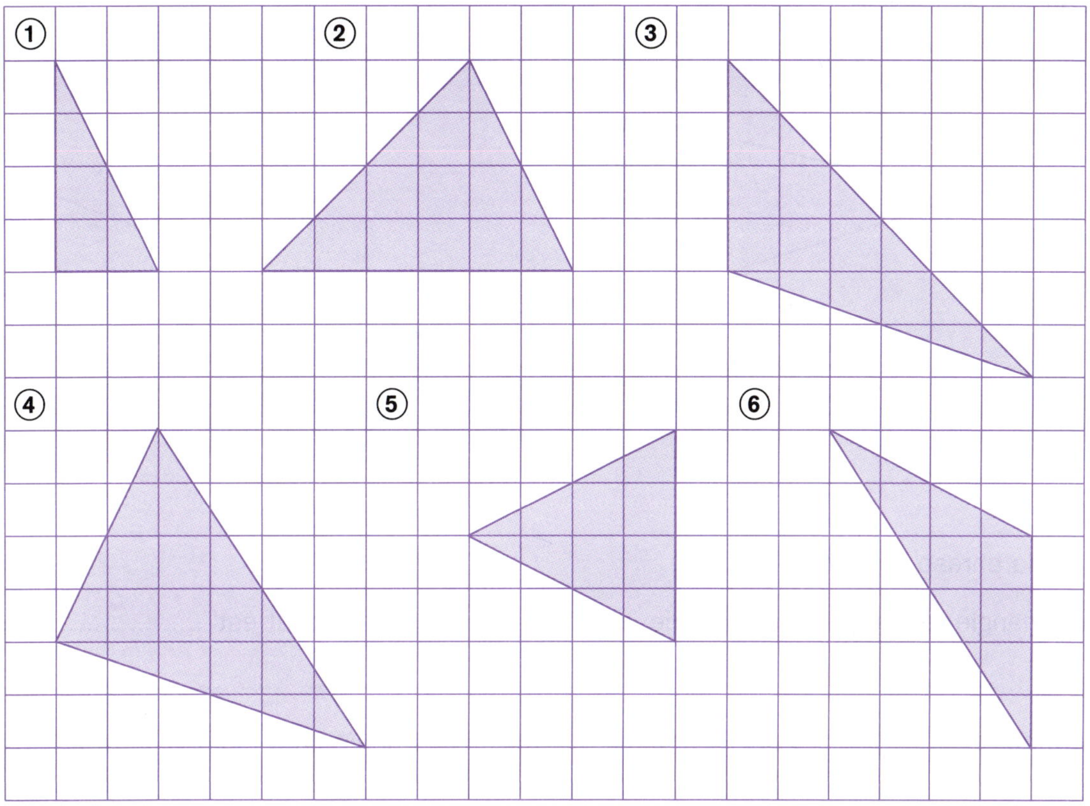

b Construis dans chaque cas le **cercle circonscrit** au triangle ABC.

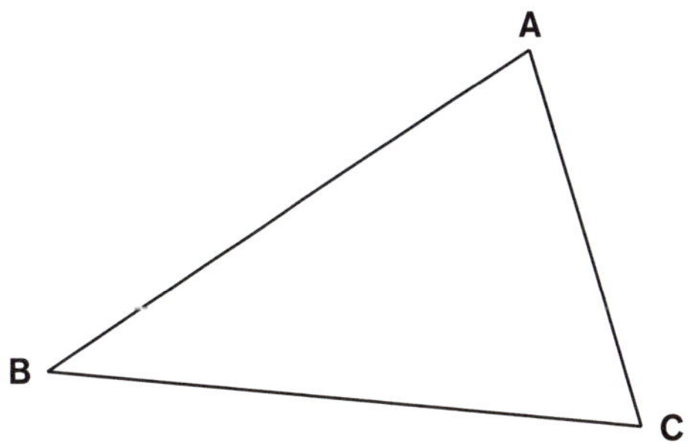

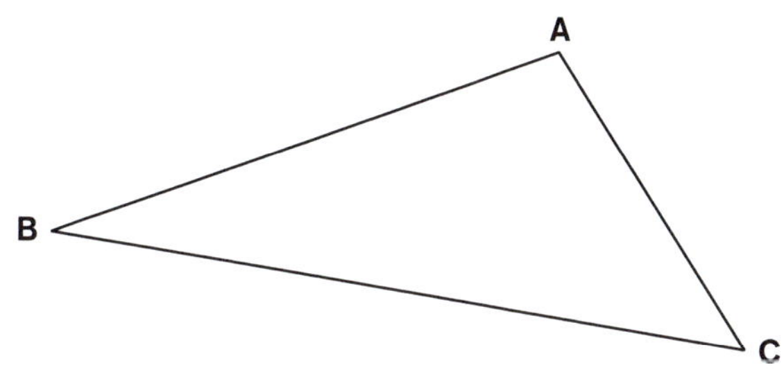

3 | Cas du triangle rectangle (II)

Observer et Prouver

a Pour voir

Construis dans chaque cas le centre du cercle circonscrit au triangle, puis **trace** le cercle circonscrit au triangle.

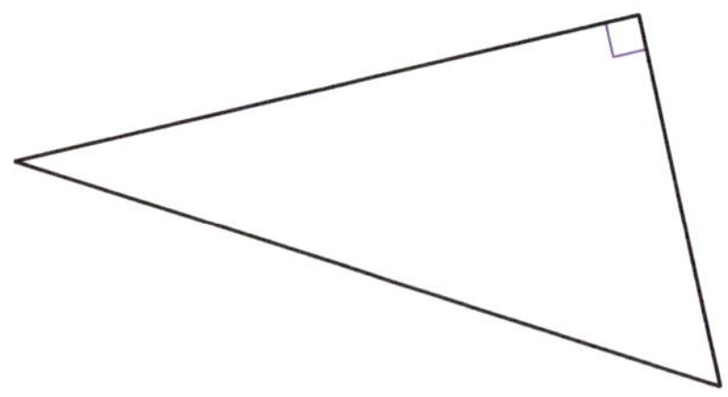

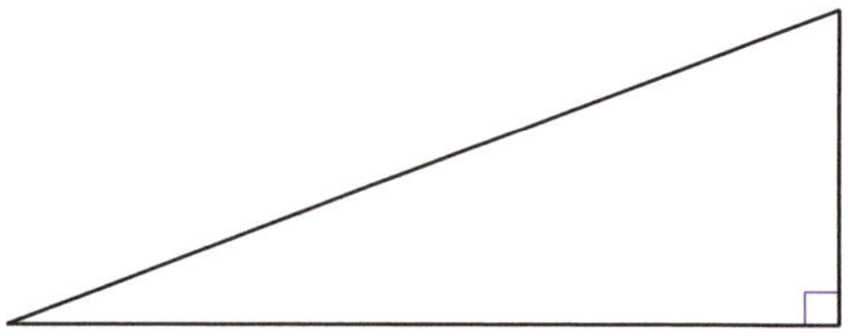

Complète la phrase suivante :

Dans un triangle **rectangle** il semble que le centre du cercle circonscrit est ....

....

*(**Rappel** : dans un triangle rectangle, le côté « en face » de l'angle droit s'appelle l'hypoténuse.)*

b Pour être certain

ABC est un triangle **rectangle** en A.

1. Construis le point D tel que ABCD soit un **rectangle**.

2. Les segments [AD] et [BC] se coupent en O.
Justifie que : OA = OB = OC = OD.

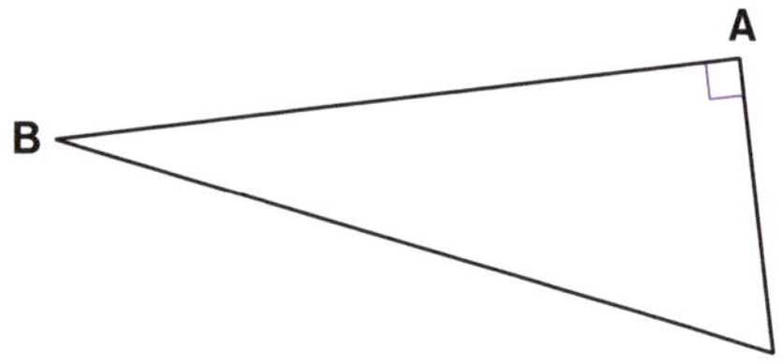

....

....

3. Quel est le centre du cercle circonscrit au triangle ABC ? **Justifie** ta réponse.

....

4. Complète la phrase suivante :

Dans un triangle rectangle le centre du cercle circonscrit est ....

c Appliquer

En utilisant uniquement une **règle graduée,** place le centre O du cercle circonscrit au triangle rectangle EFG.

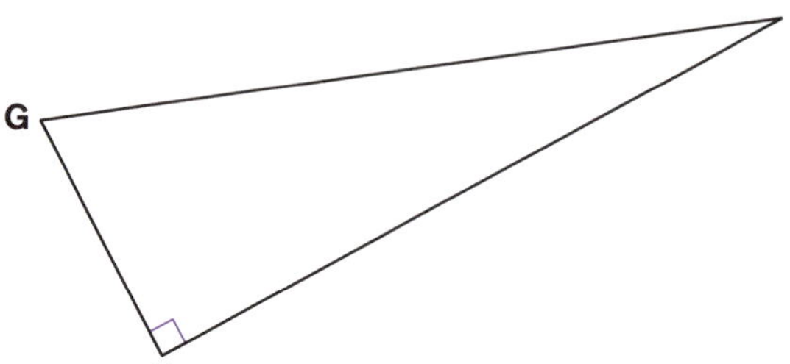

4 | Facile ?

ANALYSER ET CONSTRUIRE

Facile est un hexagone formé de trois **losanges** :
FACO, CILO, et LEFO.

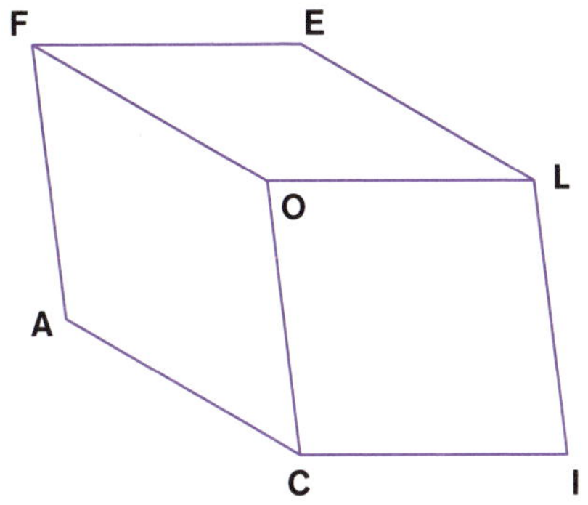

Voici un dessin réduit de **FACILE** (code les segments qui ont la même longueur). À toi de construire **FACILE** à partir des points FLC.

Pour les petits futés

S'ORGANISER ET CONSTRUIRE

La maison de Pierre est au bord de la rivière. Avec ses amis Marc, Fabien et Lionel, il habite dans un petit village. Ils sont tous les quatre à la **même distance** de chez André et la maison de Pierre est **plus près** de chez Lionel que de chez Fabien.

À toi de trouver où habitent **exactement** André et Pierre.

3 • Symétrie centrale

1 | Avec un quadrillage

TRACER

a Trace dans chaque cas le **symétrique** par rapport à **O** de ces maisons

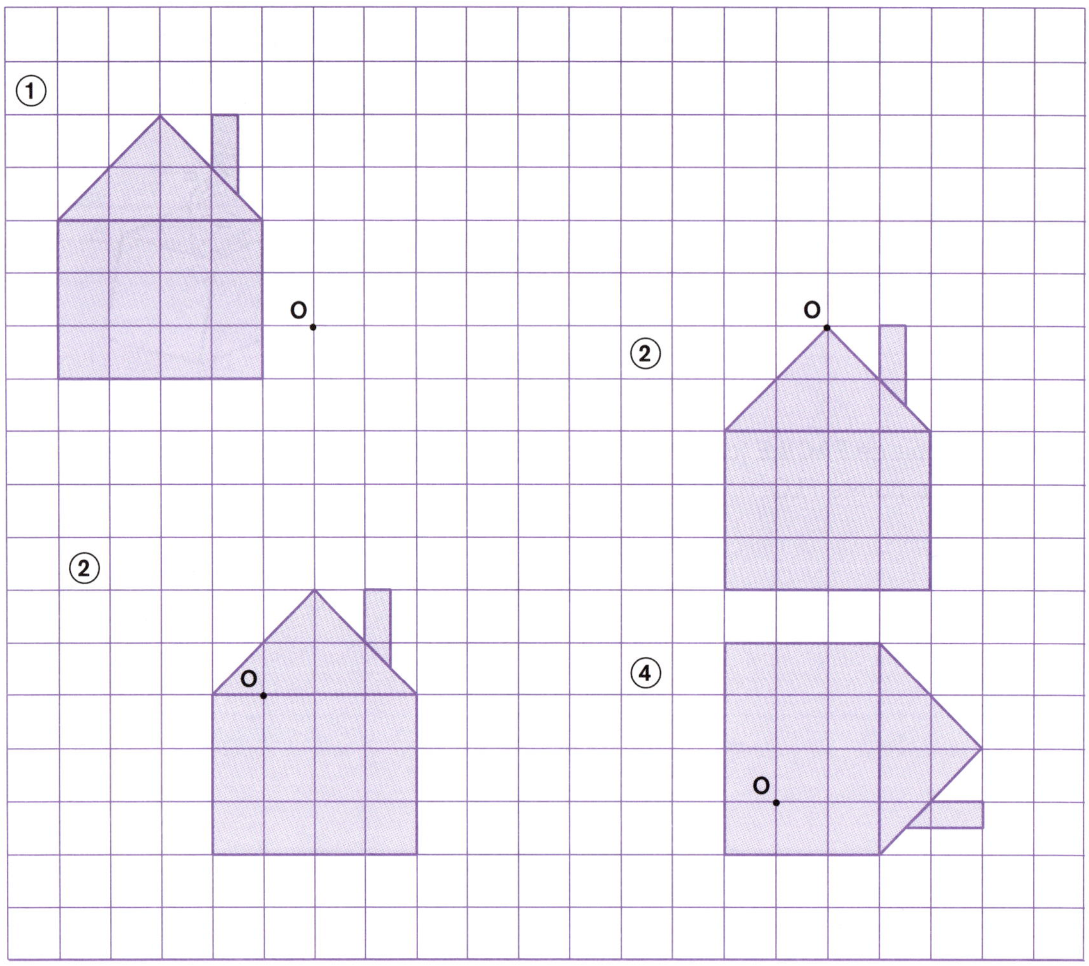

b Trace le **symétrique** par rapport à **O** de ces figures.

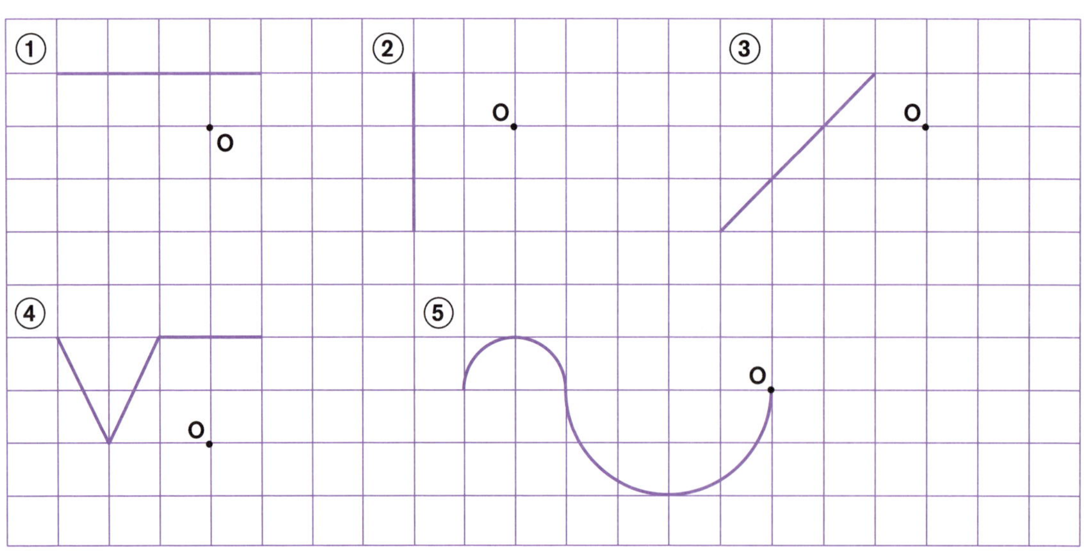

2 | Avec une règle non graduée

CONSTRUIRE

Construis avec précision le symétrique par rapport à O de cette figure en utilisant **uniquement ta règle non graduée**.

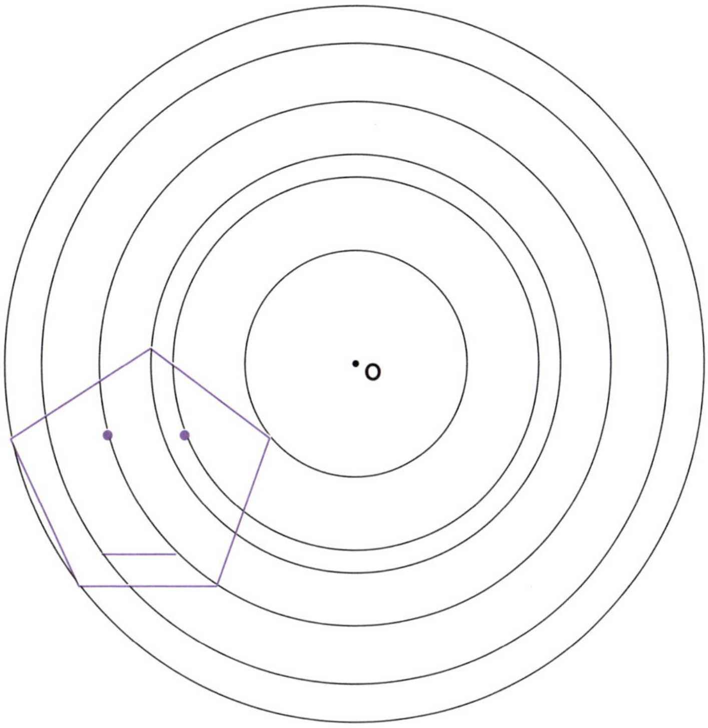

3 | Avec le compas

CONSTRUIRE

Construis avec précision le symétrique par rapport à O de cette figure, en **utilisant uniquement ton compas**.

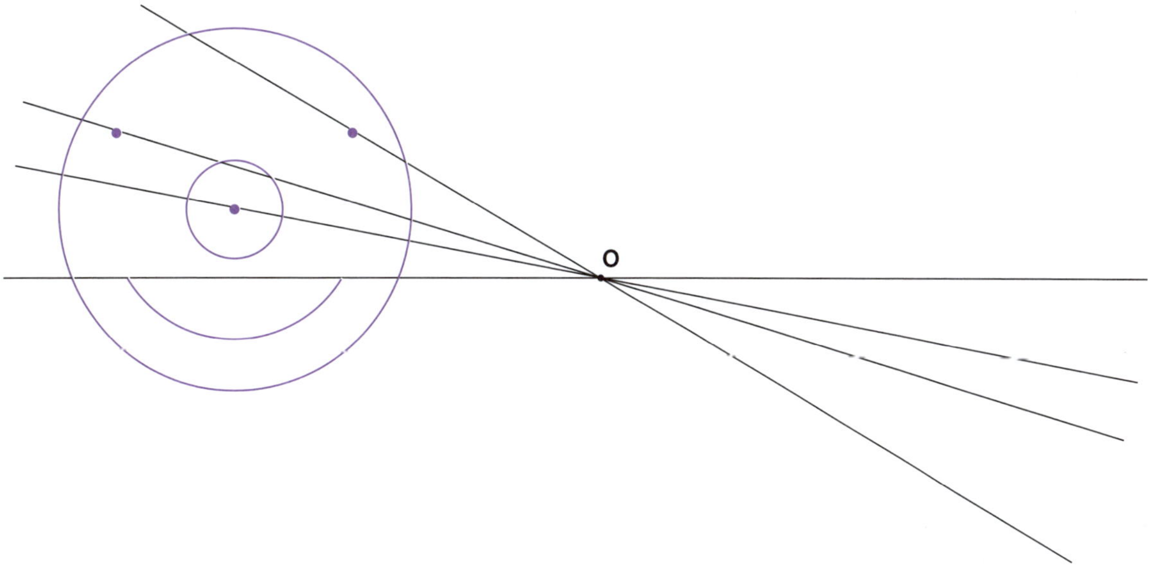

4 | Avec les instruments

S'ORGANISER

Construis avec précision le **symétrique** par rapport à **O** de chaque figure en utilisant les instruments qui te semblent nécessaires.

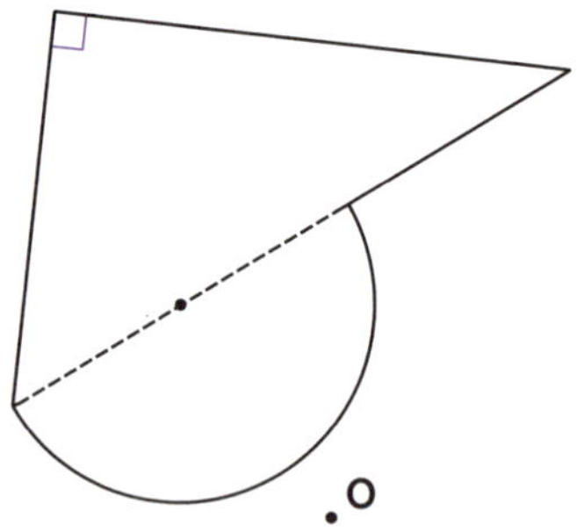

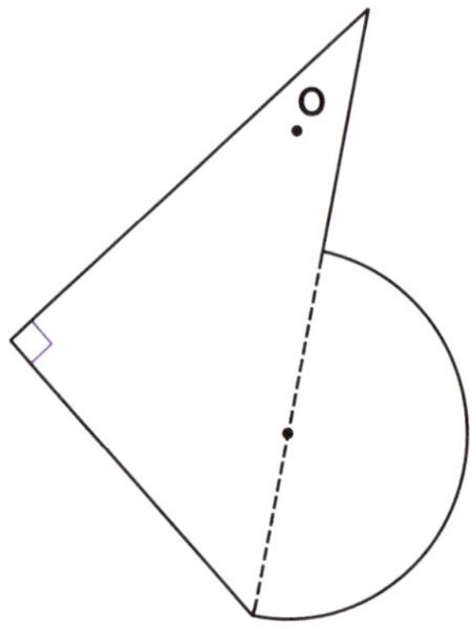

5 | Avec les propriétés de la symétrie centrale

RAISONNER

Le professeur a effacé une partie du tableau. Voici ce qu'il reste de l'exercice.

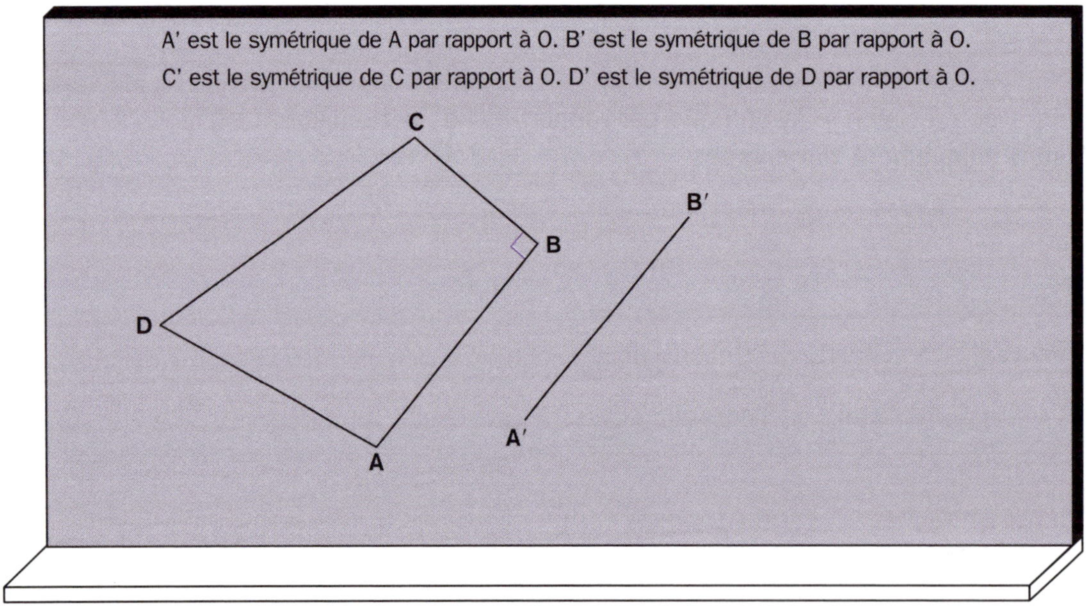

a En utilisant uniquement **ta règle non graduée,** construis le point O.

b En utilisant **ta règle non graduée et ton équerre**, construis le point C'.

c En utilisant uniquement **ton compas**, construis le point D'.

(Tu laisseras les traits de construction sur le dessin.)

6 | Quelle est la mesure de l'angle $\widehat{BOA}$?

CONSTRUIRE ET DÉDUIRE

BOA est un triangle dont le sommet O est à **l'extérieur** de la feuille.
On veut trouver la mesure de l'angle $\widehat{BOA}$.

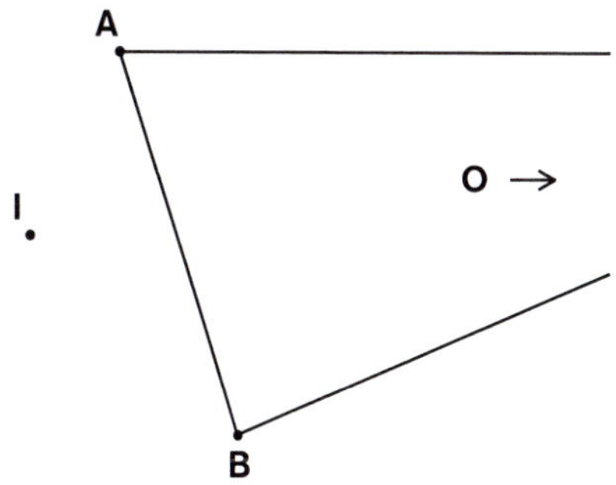

a Construis la demi-droite [A'*x*) symétrique par rapport à I de la demi-droite [AO).

b Construis la demi-droite [B*y*) symétrique par rapport à I de la demi-droite [BO).

c On appelle O' le symétrique de O par rapport à I. Place O'.

d Mesure avec ton rapporteur l'angle $\widehat{B'O'A'}$: $\widehat{B'O'A'}$ = ...°

e Quelle est la mesure de $\widehat{BOA}$? Justifie ta réponse.

$\widehat{BOA}$ = ...°, car...

....

Pour les petits futés

IMAGINER

Construis, en utilisant **uniquement une règle non graduée**, le point M' symétrique de M par rapport à O. Explique ta construction.

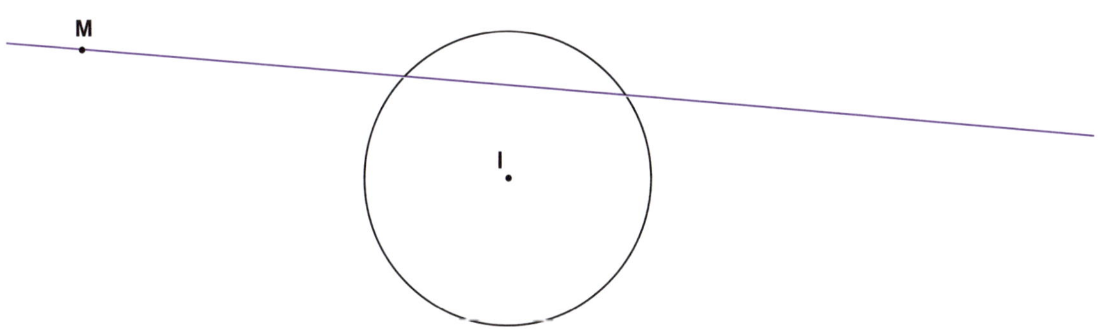

Explication : ....

....

....

....

4 • **Symétries :** centrale et axiale

1 | Axes et centres de symétrie

OBSERVER

a **Trace** les axes de symétrie et **place** les centres O de symétrie de ces lettres (s'ils existent).

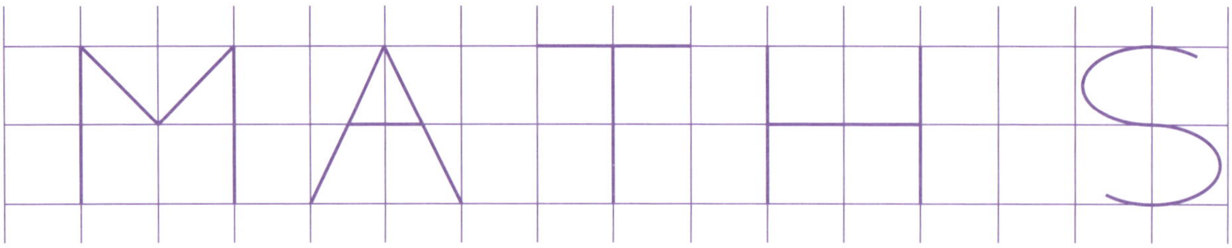

b **Trace** les axes de symétrie et **place** les centres O de symétrie de ces figures (s'ils existent)

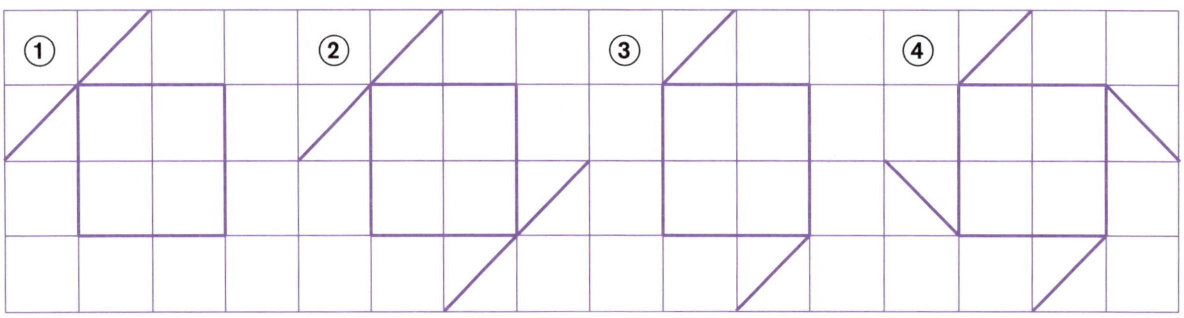

c **Complète** ces figures pour que le point O soit leur **centre de symétrie.**

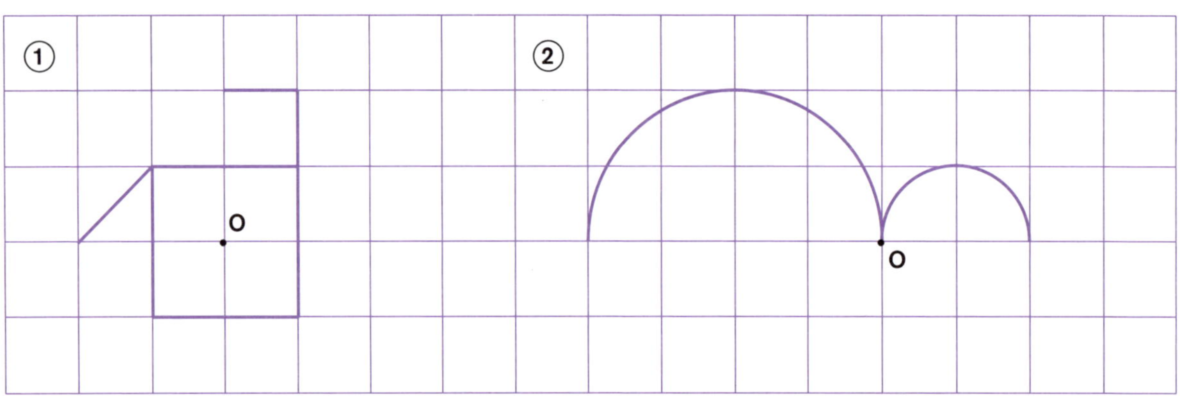

d Complète ces figures pour que la droite (d) soit un **axe de symétrie.**

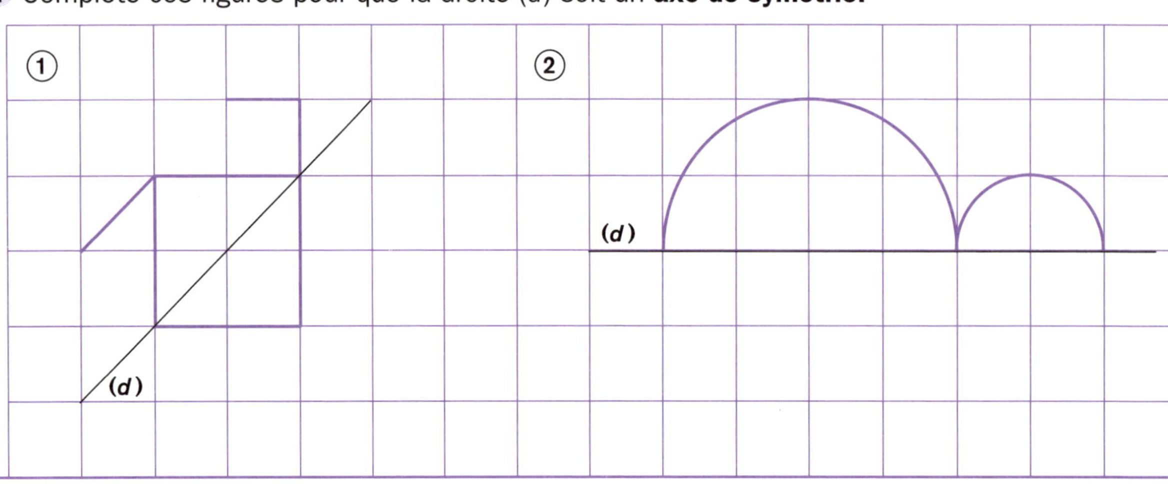

2 | À chacun son symétrique

III

ANALYSER

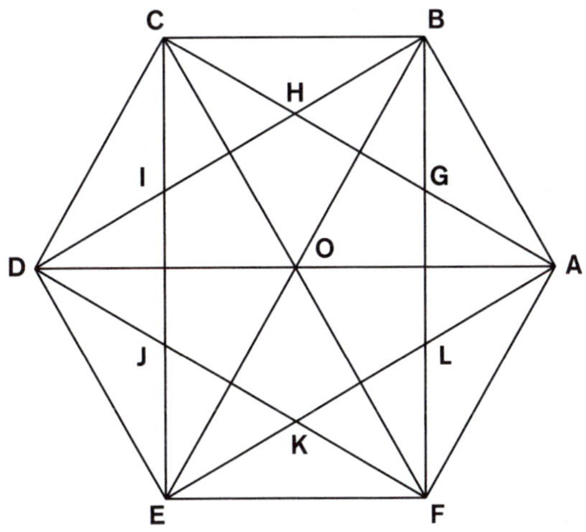

ABCDEF est un **hexagone régulier**.

1. Complète les phrases suivantes :

a Le symétrique du point A par rapport à O est le point..........

b Le symétrique du point A par rapport à la droite (EB) est le point..........

c Le symétrique du point A par rapport au point.......... est le point H.

d Le symétrique du point A par rapport à la droite .... est le point E.

e Le symétrique du segment [CD] par rapport à O est le segment..........

f Le symétrique du segment [CD] par rapport à la droite (EB) est le segment..........

g Le symétrique du segment [CD] par rapport à la droite.......... est le segment [CO].

h Le symétrique du triangle BCD par rapport à O est le triangle..........

i Le symétrique du triangle BDF par rapport à la droite (DA) est le triangle..........

j Le symétrique du triangle BDF par rapport au point O est le triangle..........

2. Colorie en **vert** le symétrique par rapport à O du quadrilatère OBGA.

3. Colorie en **bleu** le symétrique par rapport à (OB) du quadrilatère OBGA.

3 | En morceaux

S'ORGANISER

D'une figure, il ne reste que ces morceaux.

Tu sais que la droite (*d*) est un **axe de symétrie** et que le point O est un **centre de symétrie**.

Retrouve cette figure et **trace** les autres axes de symétrie.

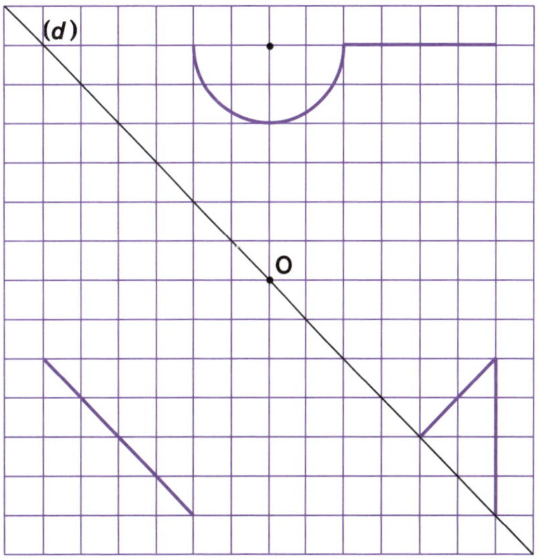

4 | Avec les propriétés de la symétrie

RAISONNER

ABC est un triangle **rectangle en C** tel que AB = 10 cm, AC = 8 cm et BC = 6 cm.

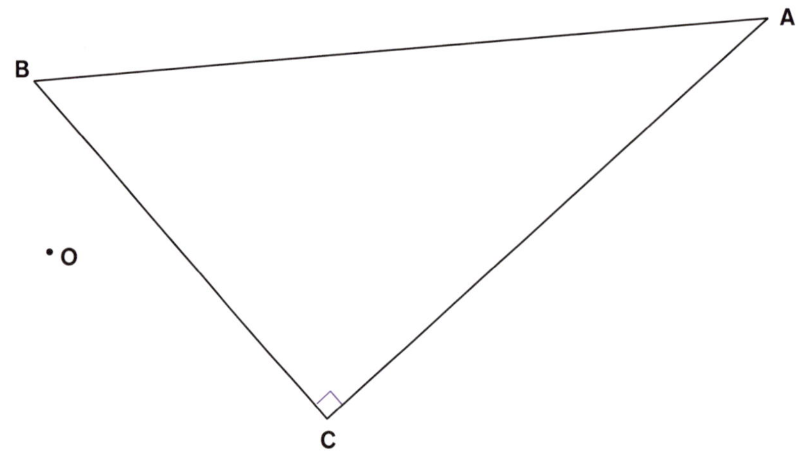

On appelle A' le symétrique de A par rapport à O, B' le symétrique de B par rapport à O et C' le symétrique de C par rapport à O.

a Construis la **partie** du triangle A'B'C' qui se trouve dans la feuille.

*Réponds aux questions b, c et d **sans rajouter une feuille pour construire A'**.*

b Quel est le **périmètre** du triangle A'B'C' ? **Justifie** ta réponse.

....

....

....

c Quelle est la **nature** du triangle A'B'C' ? **Justifie** ta réponse.

....

....

....

d Trace la droite (AA'). **Justifie** ta construction.

....

....

e Les droites (BC) et (C'A') sont-elles **perpendiculaires ? Justifie** ta réponse.

....

....

....

Portrait

S'ORGANISER

Toméo lit l'énoncé suivant dans un livre de mathématiques :

> *« Je suis un hexagone et je m'appelle ABCDEF. Mon côté [AB] mesure 3 cm. Mon périmètre est de 20 cm. Mes côtés [BC] et [CD] ont la même longueur. Enfin, le point O est mon centre de symétrie. Dessine-moi. »*

Comme c'est compliqué, Toméo fait le dessin à "main levée" ci-contre.

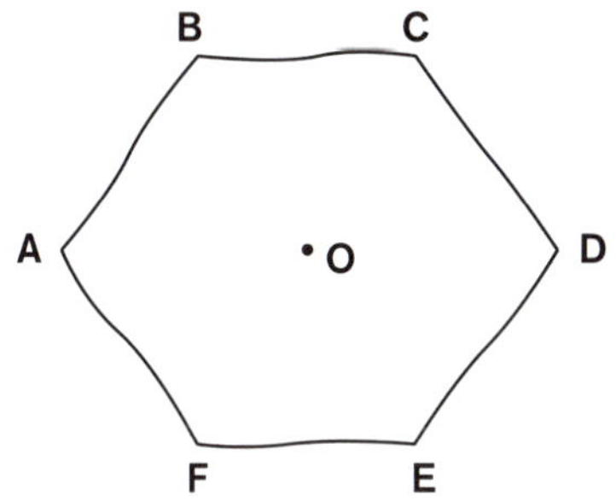

a Complète le dessin de Toméo en indiquant les segments qui ont la même longueur.

b Dessine **exactement** l'hexagone ABCDEF.

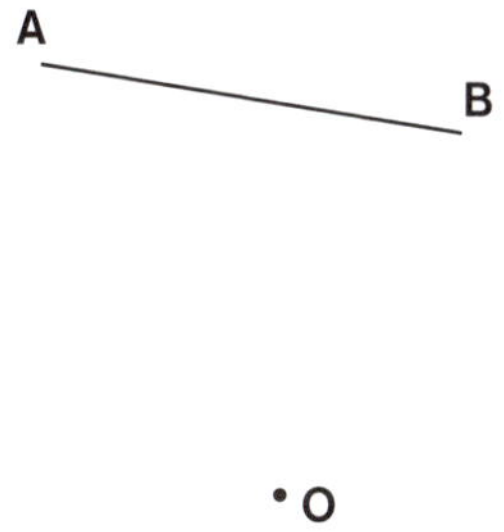

Pour les petits futés

IMAGINER

Retrouve le carré dont le point O est le centre de symétrie, la droite (*d*) un de ses axes de symétrie et M un point de l'un de ses côtés.

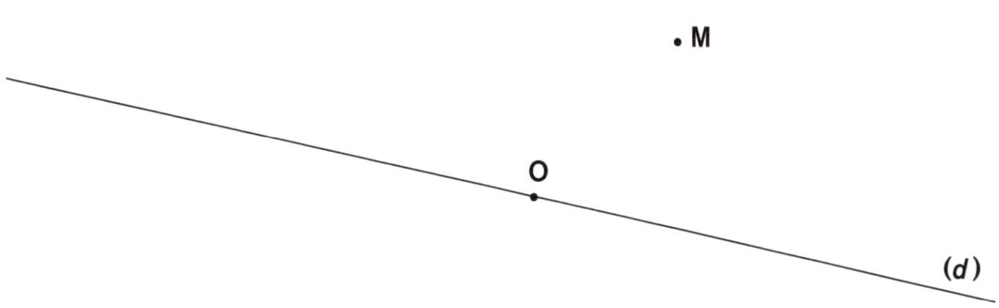

1 | Angles et parallèles

OBSERVER

a Les droites (*xy*) et (*zt*) sont **parallèles.**

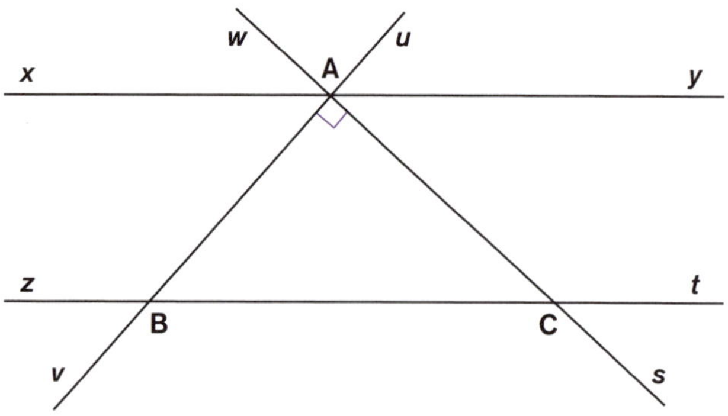

Complète les phrases suivantes avec : opposés par le sommet ; alternes-internes ; alternes-externes ; correspondants ; complémentaires ; supplémentaires.

Les angles $\widehat{xAv}$ et $\widehat{ABC}$ sont ....

Les angles $\widehat{zBv}$ et $\widehat{ABC}$ sont ....

Les angles $\widehat{uAy}$ et $\widehat{ABC}$ sont ....

Les angles $\widehat{zBv}$ et $\widehat{uAy}$ sont ....

Les angles $\widehat{wAx}$ et $\widehat{xAv}$ sont ....

Les angles $\widehat{zBu}$ et $\widehat{uAy}$ sont ....

Les angles $\widehat{xAv}$ et $\widehat{yAz}$ sont ....

b D, E, F, G et H sont des points de cette figure.

Place les lettres **D, E, F, G** et **H** pour que les phrases suivantes soient vraies.

– Les angles $\widehat{CAB}$ et $\widehat{AB\mathbf{D}}$ sont alternes-internes.

– Les angles $\widehat{DB\mathbf{E}}$ et $\widehat{\mathbf{F}AC}$ sont alternes-externes.

– Les angles $\widehat{FA\mathbf{G}}$ et $\widehat{CAB}$ sont opposés par le sommet.

– Les angles $\widehat{\mathbf{F}AC}$ et $\widehat{AB\mathbf{H}}$ sont correspondants.

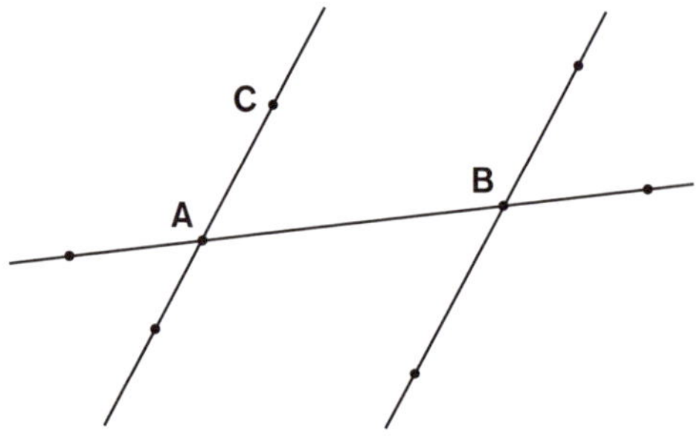

c Les droites (d_1) et (d_2) sont **parallèles**.
Les droites (d_3) et (d_4) sont **parallèles**.
Sans utiliser ton rapporteur, donne la mesure des angles $\widehat{a}$, $\widehat{b}$, $\widehat{c}$, $\widehat{d}$, $\widehat{e}$, $\widehat{f}$, $\widehat{g}$, $\widehat{h}$.

$\widehat{a}$ = ...° $\widehat{b}$ = ...°

$\widehat{c}$ = ...° $\widehat{d}$ = ...°

$\widehat{e}$ = ...° $\widehat{f}$ = ...°

$\widehat{g}$ = ...° $\widehat{h}$ = ...°

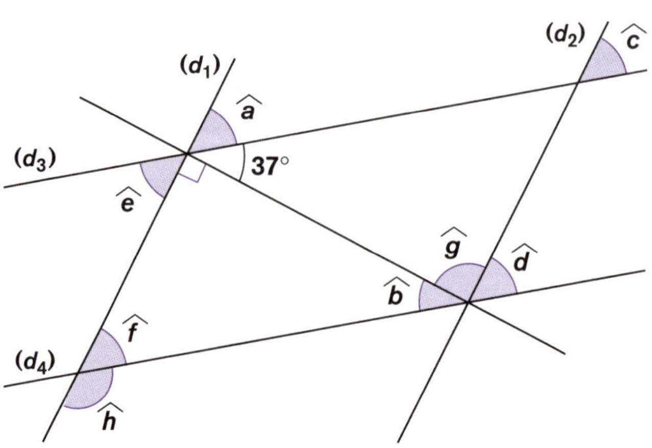

2 | Avec la symétrie centrale (IV)

CONSTRUIRE

Tu sais que :

$\widehat{ABC} = 33°$ et $\widehat{BCD}$ 20°.

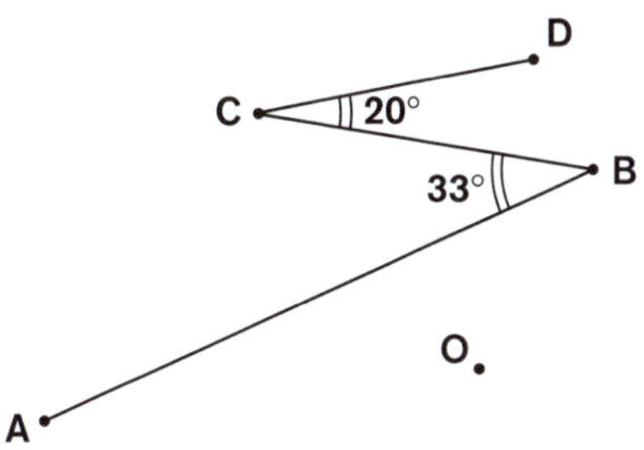

a On appelle A'B'C'D' la figure symétrique de ABCD par rapport à O.
Construis la figure A'B'C'D'.

b **Sans** utiliser ton **rapporteur**, donne la mesure des angles :

$\widehat{A'B'C'}$ = ...°

$\widehat{B'C'D'}$ = ...°

3 | Mesurer

IMAGINER

Donne **avec précision** la mesure de l'angle $\widehat{xOy}$ sans prolonger les côtés de l'angle à **l'extérieur** de la feuille.

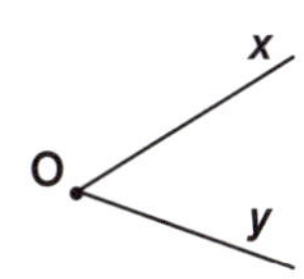

$\widehat{xOy}$ = ...°

4 | Parallèles ?

DÉDUIRE

Indique dans chaque cas si les droites (*d*) et (*d'*) sont **parallèles** et justifie ta réponse.

a

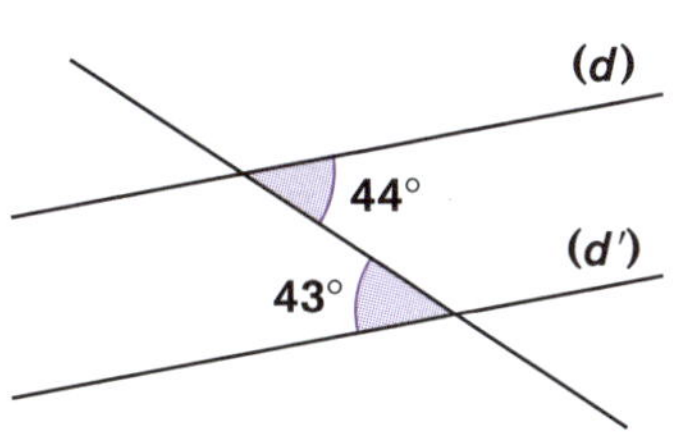

b

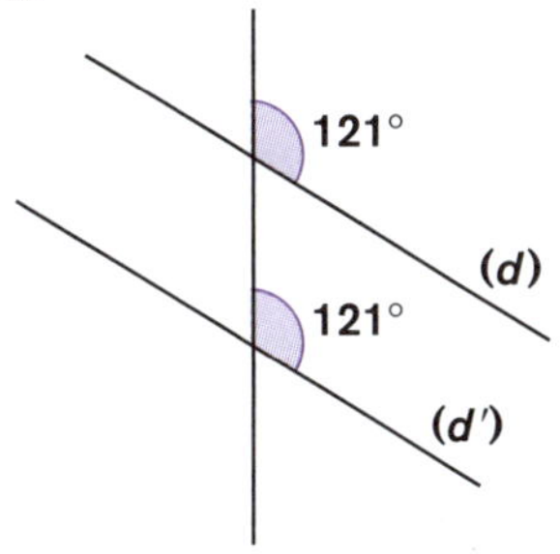

c

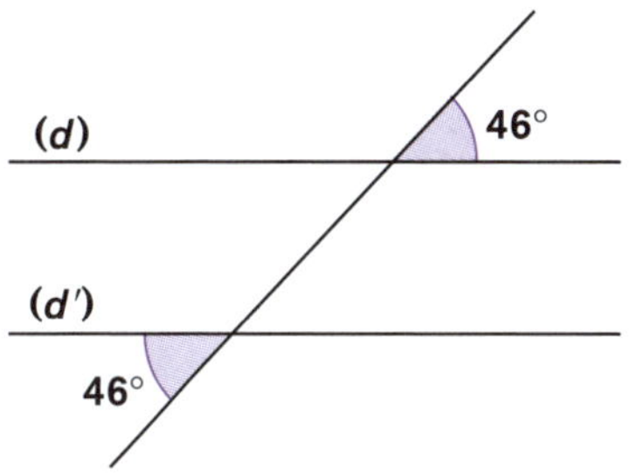

(*d*) et ((*d'*) ....
....
car ....
....
....

(*d*) et ((*d'*) ....
....
car ....
....
....

(*d*) et ((*d'*) ....
....
car ....
....
....

5 | Élise et les parallèles

CONSTRUIRE ET RAISONNER

Élise, à partir de l'énoncé de son exercice, a fait à « main levée » le dessin ci-dessous du quadrilatère ABCD, puis a placé E sur (AB).

dessin à main levée d'Élise

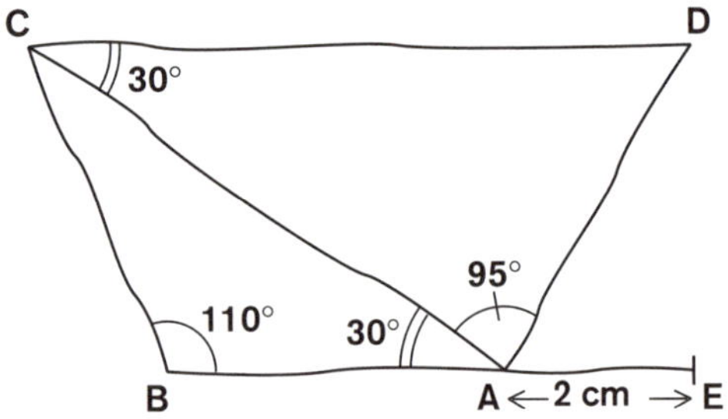

ton dessin exact

a À partir du segment [AB] construis le quadrilatère ABCD. (*Commence par construire C.*)

b Élise pense que les droites (AB) et (CD) sont parallèles. A-t-elle raison ? Pourquoi ?

....

....

c Élise trace la **bissectrice** de l'angle $\widehat{ABC}$ qui coupe (CD) en F. Place le point F sur ton dessin.

d Élise pense que les droites (AD) et (BE) sont parallèles. Pour en être certaine, elle écrit la réponse suivante que tu dois compléter.

Les angles $\widehat{BAD}$ et $\widehat{DAE}$ sont .... Comme $\widehat{BAD}$ = ... °, alors $\widehat{DAE}$ = ...°.

(BF) est la bissectrice de l'angle $\widehat{ABC}$ qui mesure 110°, donc $\widehat{ABF}$ = ...°.

Je peux donc dire que les angles $\widehat{ABF}$ et $\widehat{DAE}$ sont ....

Or je sais que si deux angles .... sont égaux alors les droites sont parallèles. Je peux donc dire que les droites (AD) et (BF) sont ....

e Élise dit que l'angle $\widehat{BFC}$ mesure 55°. A-t-elle raison ? Pourquoi ?

....

....

6 | Justifier

DÉDUIRE

a ABC est un triangle.
La **médiatrice** du segment [AB] coupe (AB) en I et (AC) en M.
Construis I et M.

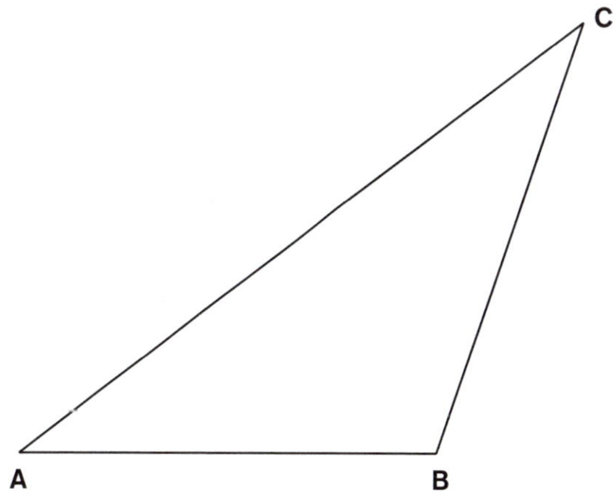

b Que peux-tu dire du triangle ABM ?
Justifie ta réponse.

....

....

....

c La droite passant par M et **perpendiculaire** à (MI) coupe (BC) en N. Construis N.

d Que peux-tu dire des droites (MN) et (AB) ? **Justifie** ta réponse.

....

....

e **Justifie** les égalités suivantes.

$\widehat{MAB} = \widehat{MBA}$ car..

$\widehat{MAB} = \widehat{CMN}$ car ....

$\widehat{MBA} = \widehat{BMN}$ car ....

f Que représente la droite (MN) pour l'angle $\widehat{BMC}$? **Justifie** ta réponse.

....

Pour les petits futés

IMAGINER

L'angle $\widehat{xOy}$ a son sommet O à l'extérieur de la feuille. Sans chercher à obtenir le point O, donne la mesure de l'angle $\widehat{xOy}$. Explique ta réponse.

Explication :

....

....

....

....

....

....

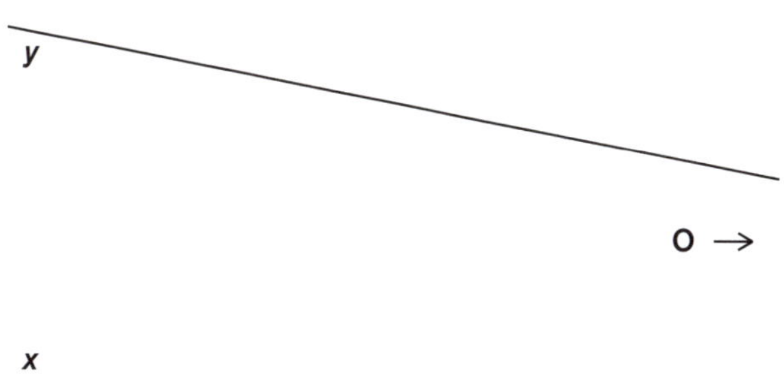

6 • Angles et triangles

1 | Dans un triangle

CALCULER

Calcule la mesure des angles de ces triangles.

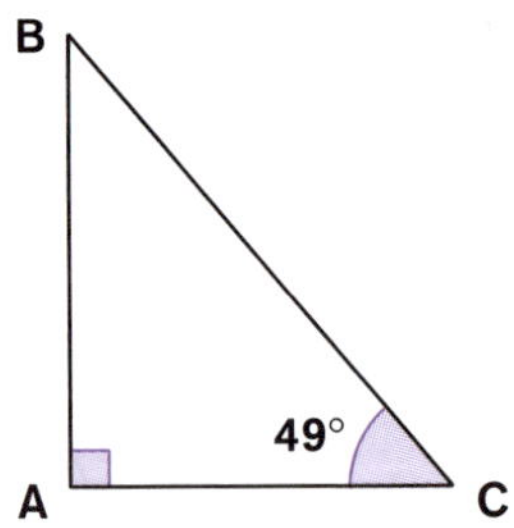

$\widehat{B}$ = ... °

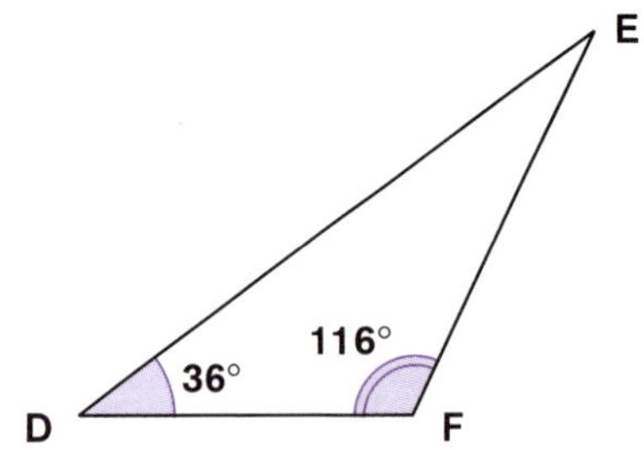

$\widehat{E}$ = ... °

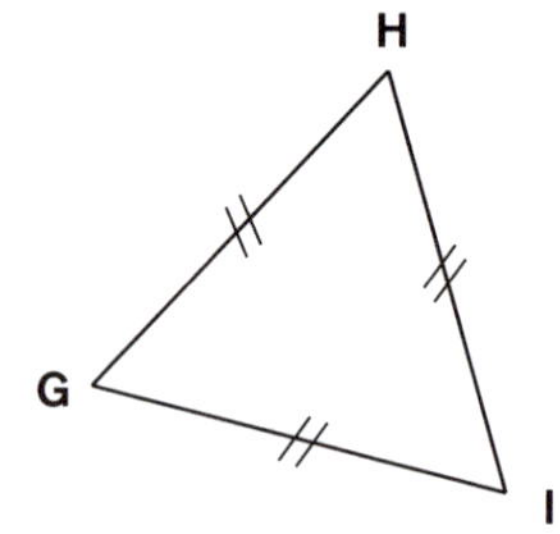

$\widehat{G}$ = ...° ; $\widehat{H}$ = ...° ; $\widehat{I}$ = ...°

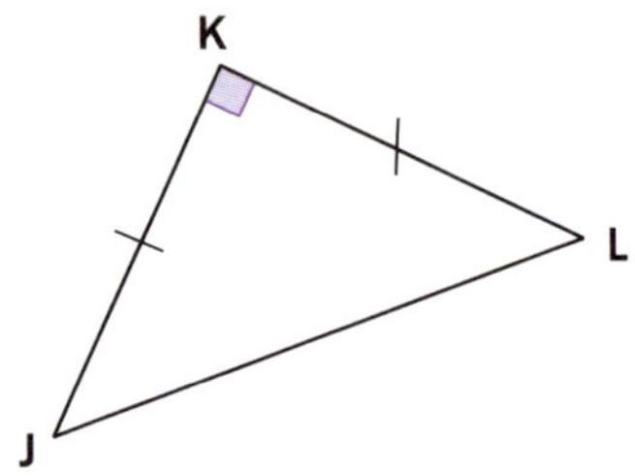

$\widehat{J}$ = ... ° ; $\widehat{L}$ = ... °

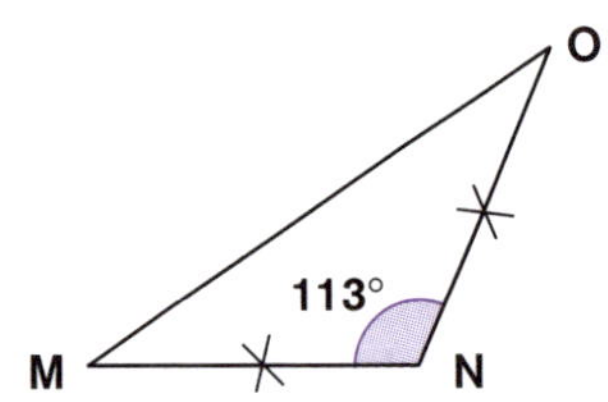

$\widehat{M}$ = ...° ; $\widehat{N}$ = ...°

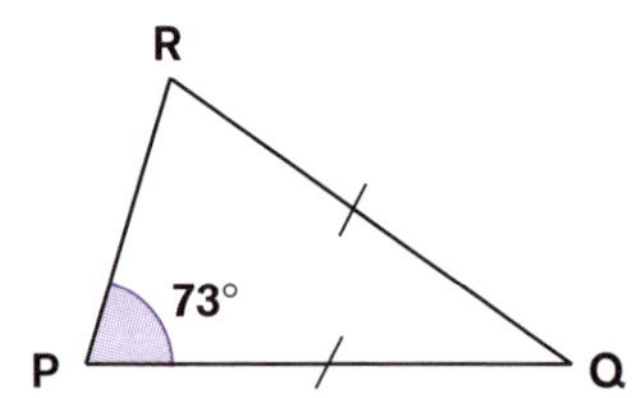

$\widehat{Q}$ = ... ° ; $\widehat{R}$ = ... °

2 | Triangles et parallèles

CALCULER

Calcule, dans chaque cas, la mesure des angles.

a Les droites (EF) et (BC) sont **parallèles**

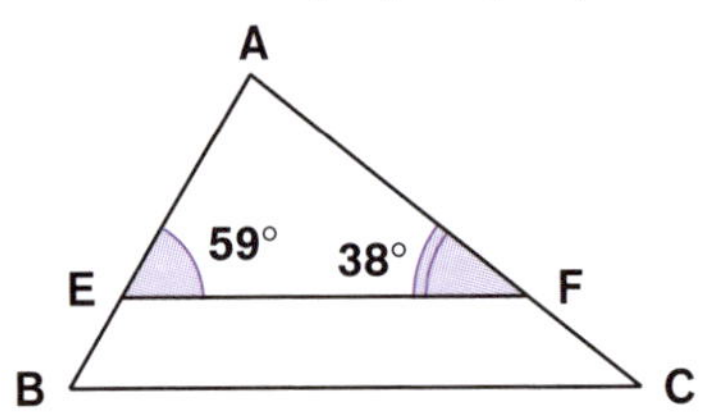

$\widehat{ABC}$ = ... ° ; $\widehat{BCA}$ = ... ° ; $\widehat{CAB}$ = ... °.

b Les droites (AD) et (EF) sont **parallèles.**

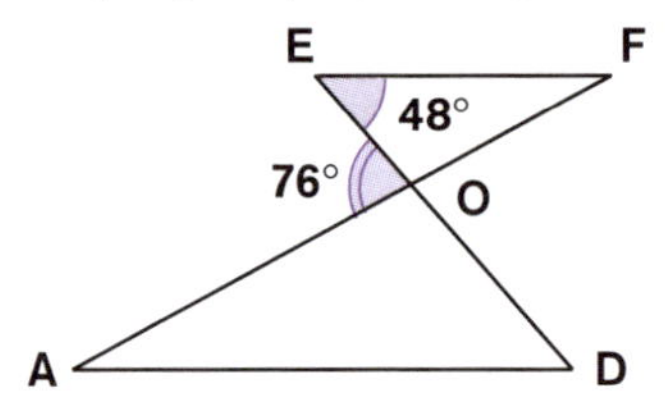

$\widehat{ADO}$ = ... ° ; $\widehat{DAO}$ = ... ° ; $\widehat{AOD}$ = ... °.

c Les droites (IN) et (BG) sont **parallèles.** Les droites (BI) et (GO) sont **parallèles.**

$\widehat{IBN}$ = ...°

$\widehat{GBN}$ = ...°

$\widehat{BGO}$ = ...°

$\widehat{BOG}$ = ...°

$\widehat{INB}$ = ...°

$\widehat{NGB}$ = ...°

$\widehat{GOB}$ = ...°

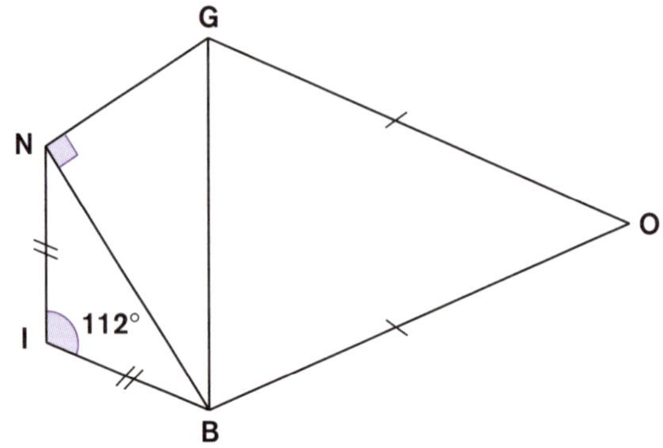

2 | À vos instruments

ANALYSER ET CONSTRUIRE

On a dessiné à « main levée » les figures NUL, SIX, DIX et HUIT.
Termine ces figures en respectant les dimensions indiquées.

a

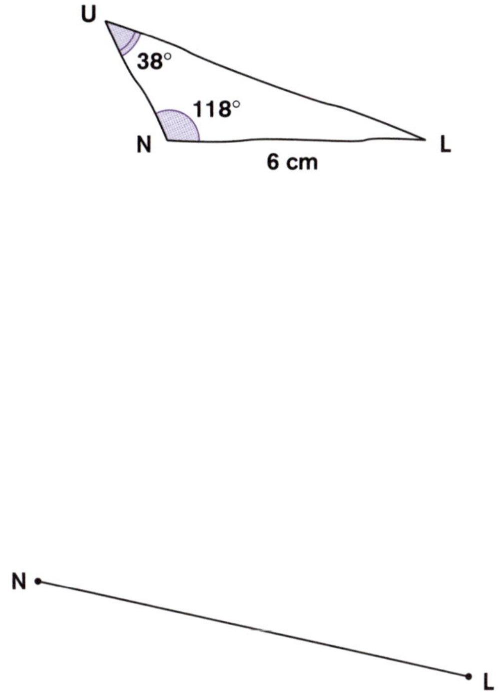

b

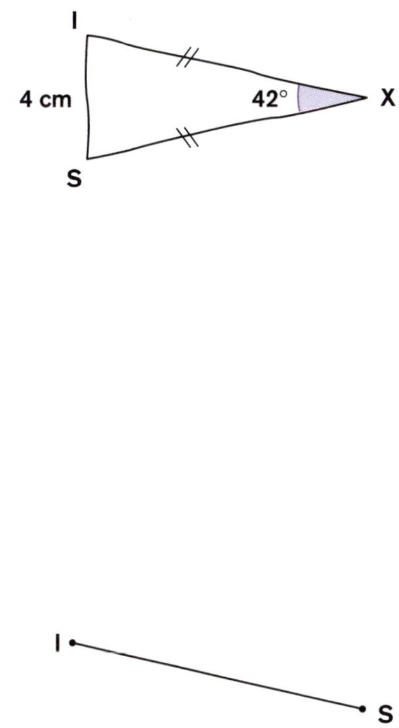

c

d

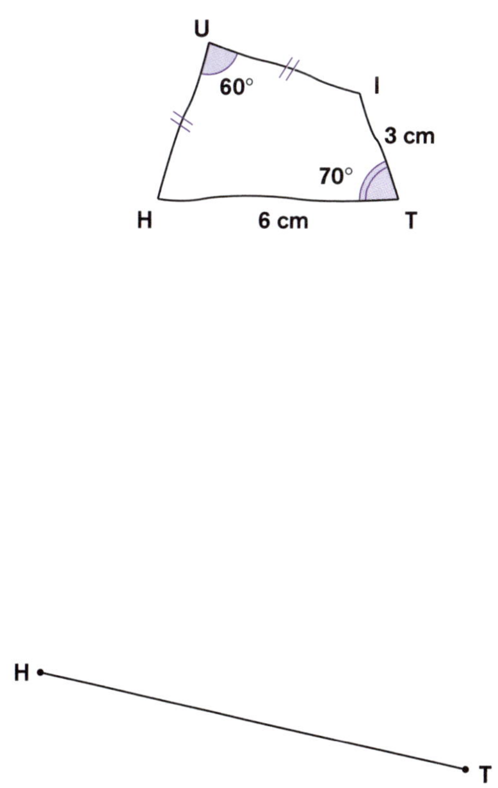

3 | Sont-ils alignés ?

CONSTRUIRE ET DÉDUIRE

a Construis **avec précision** les triangles PIF, PAF et FIN en respectant les dimensions indiquées sur le dessin « à main levée » ci-contre.

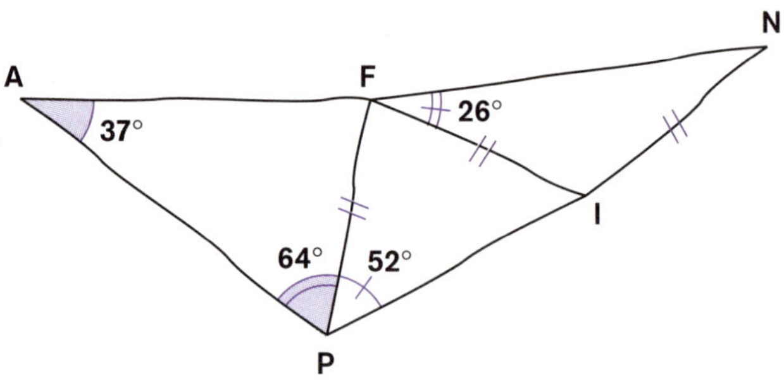

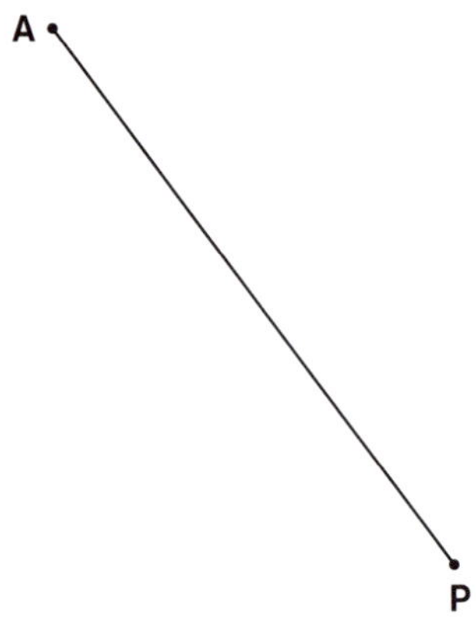

b Calcule la mesure de tous les angles des triangles PIF, PAF et FIN. Écris ces mesures sur ton dessin.

c Calcule les angles $\widehat{AFN}$ et $\widehat{PIN}$: $\widehat{AFN}$ = ...° ; $\widehat{PIN}$ = ...°.

d Les points P, I et N sont-ils **alignés** ? Pourquoi ?

....

....

e Les points A, F et N sont-ils **alignés** ? Pourquoi ?

....

....

4 | Est-il rectangle ?

CONSTRUIRE ET DÉDUIRE

Voici le dessin à « main levée » du triangle BAD.

dessin à « main levée »

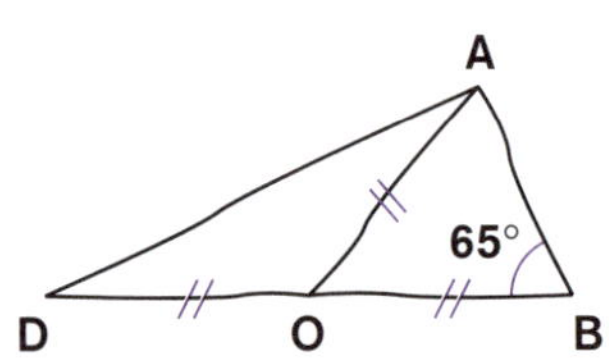

ton dessin

a **Termine** la construction exacte du triangle BAD.

b **Calcule** les mesures des angles des triangles BOA et ADO. Écris ces mesures sur ton dessin.

c Le triangle BAD est-il un triangle rectangle ? **Justifie** ta réponse.

....

5 | Avec une équation

CALCULER ET CONSTRUIRE

Regarde ma photo :
je suis un triangle **isocèle** de sommet A.
Si on trace la **bissectrice** de mon angle $\widehat{B}$, alors le triangle ABE est **isocèle**.
Dessine-moi.

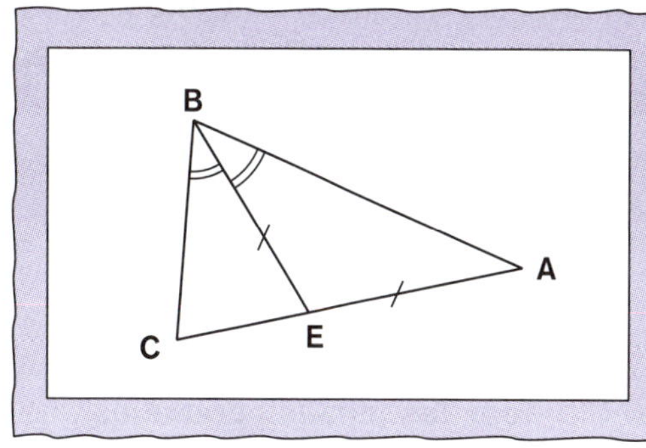

Voici une méthode pour construire ABC.

On appelle x la mesure en degré de l'angle $\widehat{EBC}$.

a **Exprime** en fonction de x :

$\widehat{ABE}$ = ...° ; $\widehat{BAE}$ = ...° ; $\widehat{BCA}$ = ...° ;

$\widehat{ABC} + \widehat{BAC} + \widehat{ACB}$ = ...°.

b **Justifie** que $5x = 180$, puis déduis-en la valeur de x.

....

....

....

....

c **Construis** ABC.

2 | Pour les petits futés

S'ORGANISER

ABC est un triangle **équilatéral**. Ses sommets A et B sont sur la droite (d_1) et le sommet C est sur la droite (d_2)

Construis ABC (*il y a deux possibilités*).

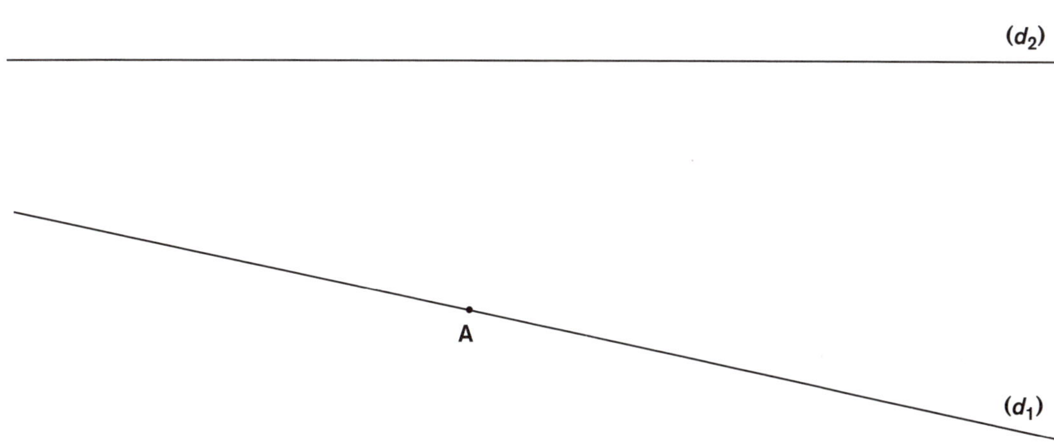

7 • Parallélogrammes

1 | Nommer

OBSERVER

a Parmi les notations suivantes du parallélogramme ABCD, **barre** celles qui sont incorrectes.

DCBA	ACBD	BACD
DACG	CDBA	CBAD

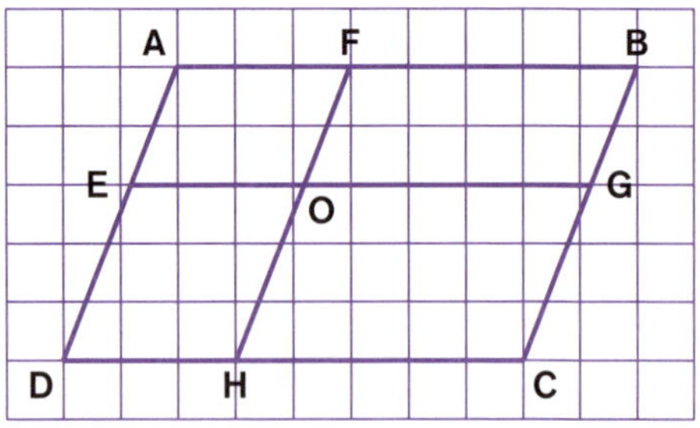

b Cite **tous les parallélogrammes** que tu peux voir dans ce dessin (*il y en a neuf*).

....

....

2 | C'est un triomphe

PLACER

a ESR**T** est un parallélogramme. Place **T**.

b S**I**RE est un parallélogramme. Place **I**.

c ER**OP** est un parallélogramme de centre S. Place **O** et **P**.

d PRI**M** est un parallélogramme. Place **M**.

e **H**SOP est un parallélogramme. Place **H**.

Si tes points sont bien placés, en suivant les côtés du parallélogramme TIMH, tu pourras lire le mot TRIOMPHE.

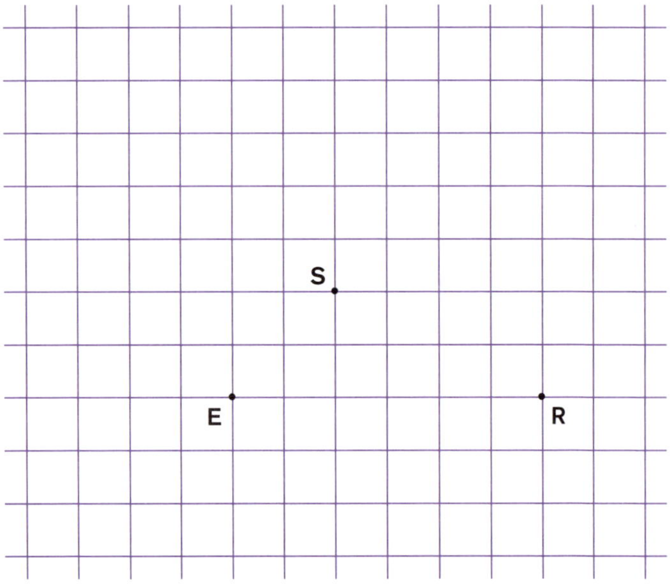

3 | Angles

CALCULER

ABCD est un parallélogramme de centre O.
$\widehat{CBE} = 123°$, $\widehat{BDC} = 32°$ et $\widehat{DCA} = 42°$.

Donne les mesures des angles suivants :

$\widehat{ABC}$ = ...° $\widehat{ADC}$ = ...°

$\widehat{DAB}$ = ...° $\widehat{DCB}$ = ...°

$\widehat{DBA}$ = ...° $\widehat{CAB}$ = ...°

$\widehat{AOB}$ = ...° $\widehat{AOD}$ = ...°

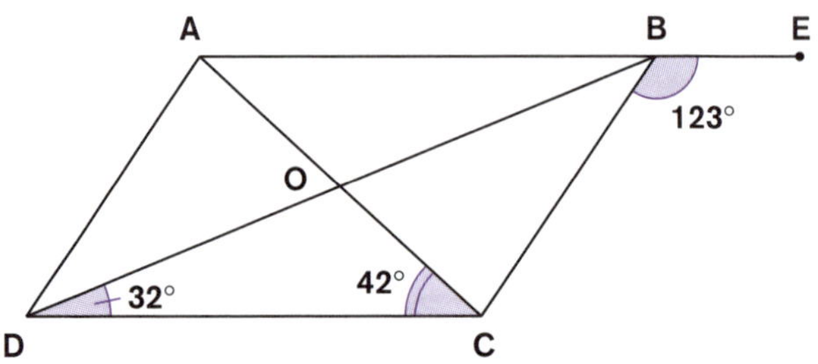

4 | Corps humain

S'ORGANISER

Termine la construction de ces parallélogrammes OEIL, MAIN, PIED, BRAS tracés à « main levée » en respectant les **dimensions indiquées.**

a

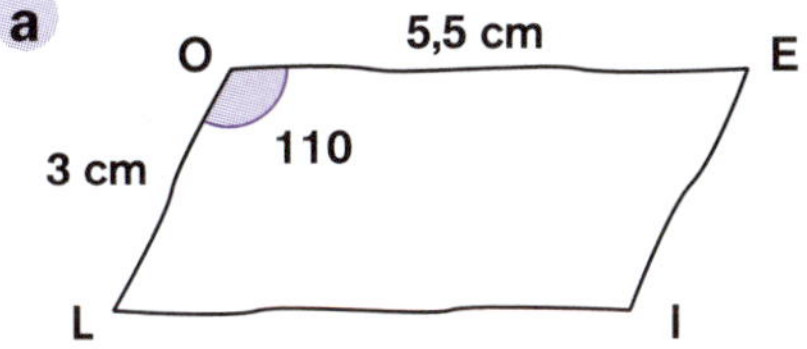

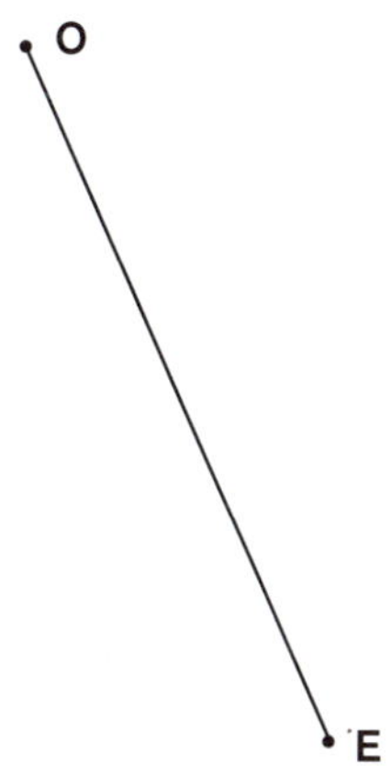

b

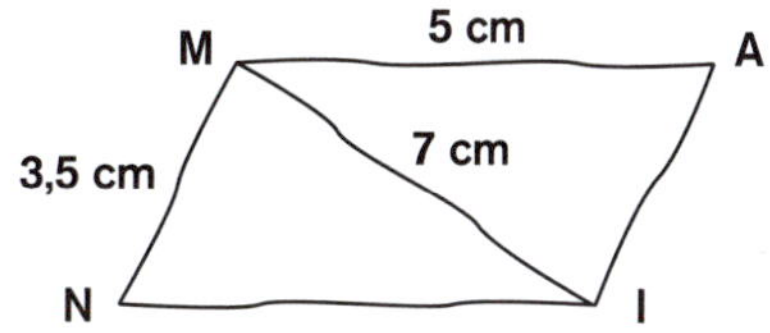

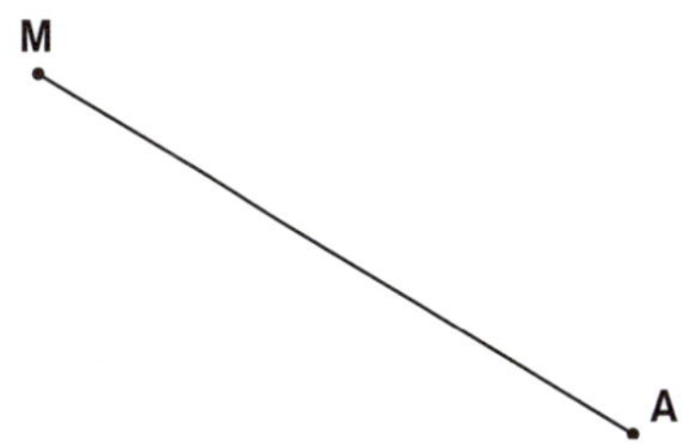

c

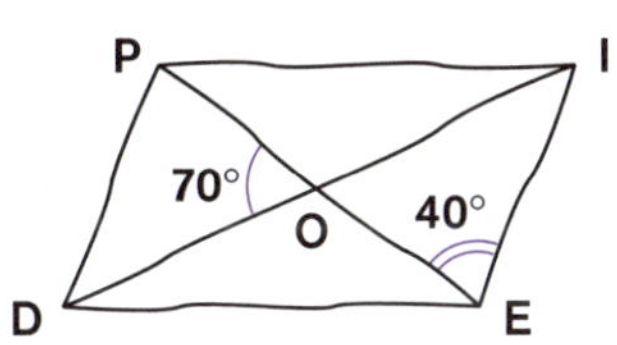

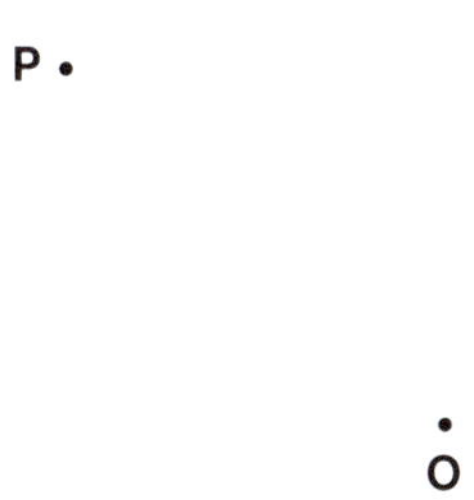

c

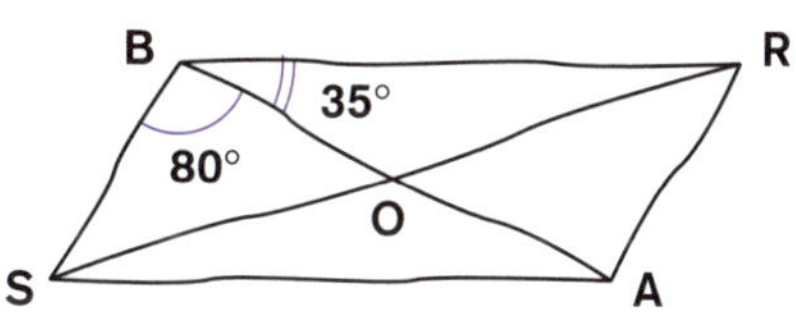

5 | Avec certains instruments

RAISONNER

Construis dans chaque cas le quatrième sommet D du parallélogramme ABCD.
(*Laisse sur ton dessin les mesures que tu as prises et les « traits » de construction.*)

a En utilisant uniquement une **règle graduée.**

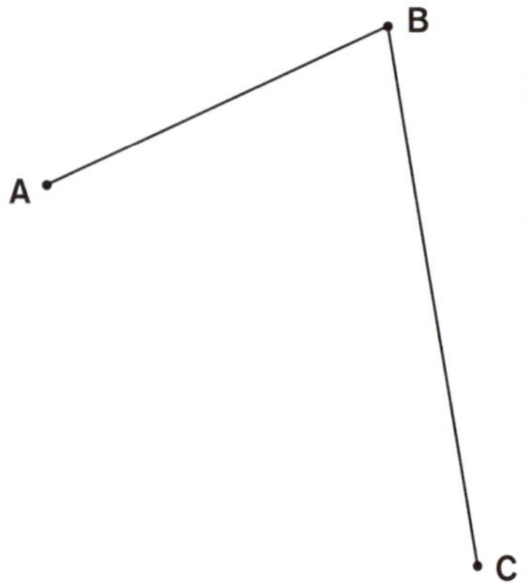

b En utilisant uniquement **un compas.**

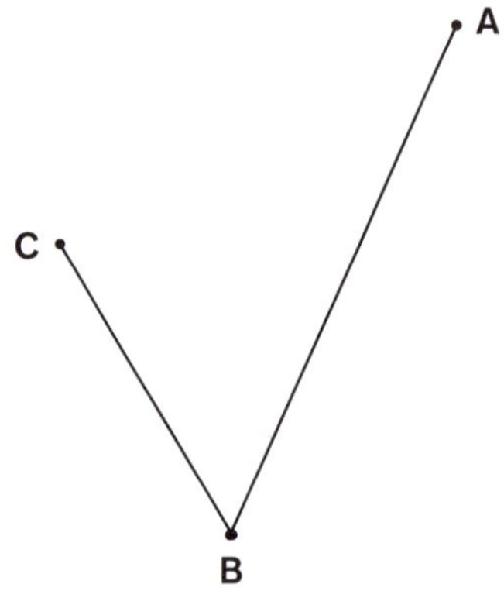

c En utilisant uniquement **une règle non graduée et un rapporteur.**

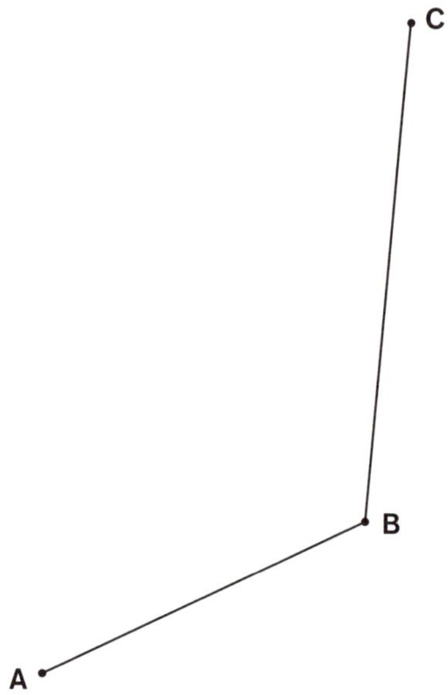

6 | Milieu d'un segment

DÉDUIRE

Les droites (d_1), (d_2), (d_3) et d_4) sont parallèles.

Les droites (d), (d') et (d'') sont parallèles.

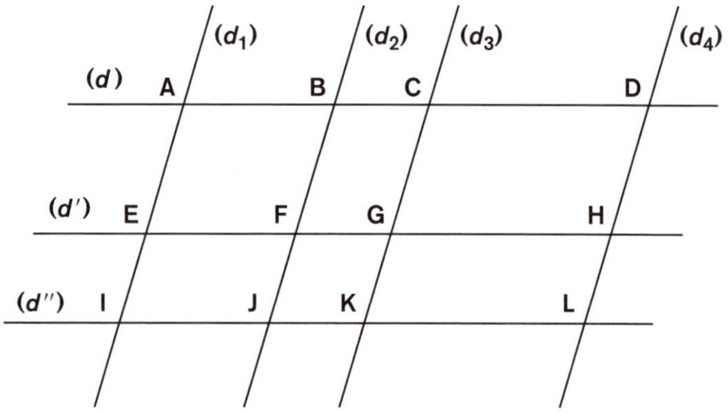

En utilisant **uniquement une règle non graduée**, construis les milieux des segments suivants. **Précise** les droites tracées.

a Le milieu **R** du segment [AF] : les droites tracées sont ....

b Le milieu **S** du segment [FD] : les droites tracées sont ....

c Le milieu **R** du segment [AL] : les droites tracées sont ....

d Le milieu **U** du segment [BL] : les droites tracées sont ....

7 | La feuille déchirée

RAISONNER

« Je ramasse », dit le professeur. Pierre se dépêche. Il détache précipitamment la feuille de son bloc. Malheureusement, il déchire une partie du parallélogramme ABCD de centre O qu'il avait tracé. À toi de terminer le parallélogramme ABCD.

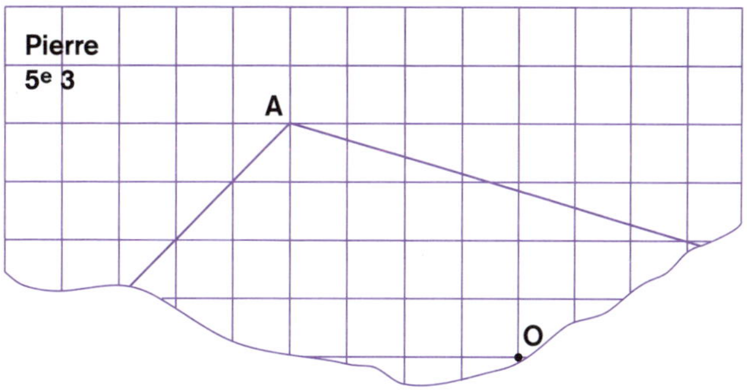

Pour les petits futés

ANALYSER

Voici un « dessin » approximatif du **parallélogramme MARS**.

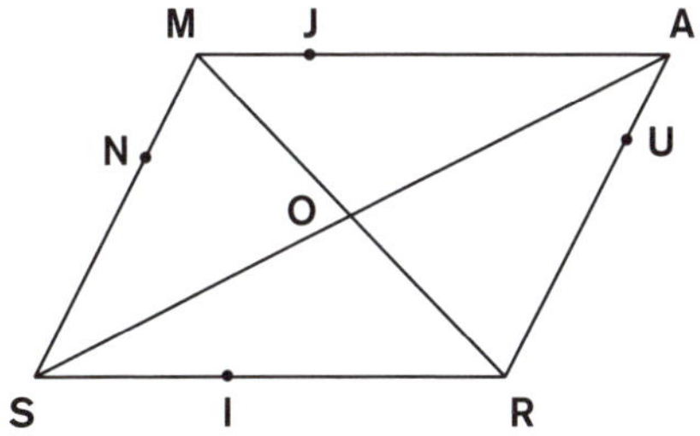

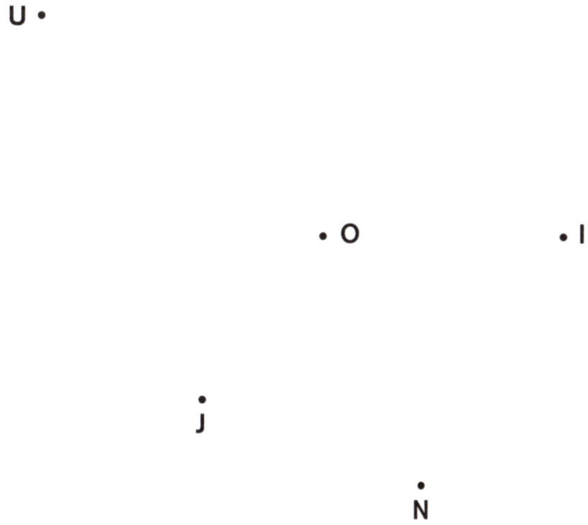

À toi de construire **MARS**,
à partir des points J, U, I, N et O.

1 | Reconnaître

OBSERVER

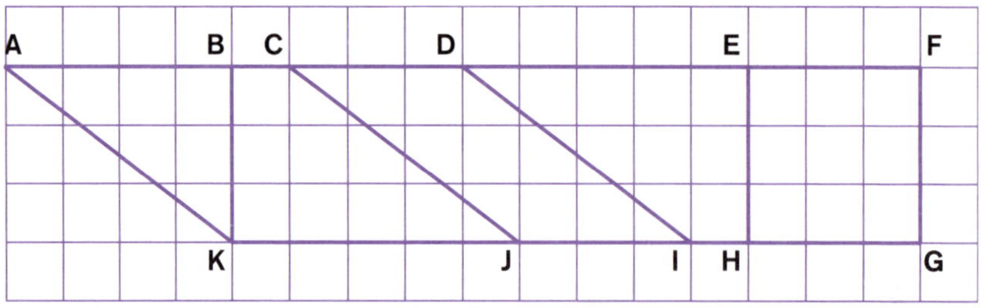

a Cite tous les **rectangles** que tu peux voir sur ce dessin.

....

b Cite tous les **losanges** que tu peux voir sur ce dessin.

....

c Cite tous les **parallélogrammes** que tu peux voir sur ce dessin.

....

2 | Avec un quadrillage

PLACER

a En utilisant ce quadrillage, place les points **I, J, K, L** et **M** tels que les quadrilatères ABC**I**, AC**J**B, AD**K**E, AB**L**E et ACF**M** soient des parallélogrammes.

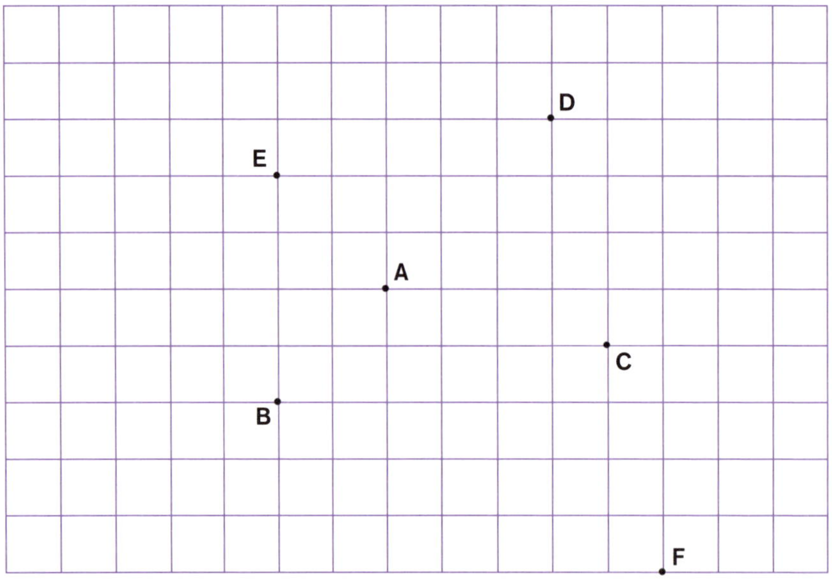

b Précise la nature des parallélogrammes :

ADKE : .... ABLE : .... ACFM : ....

1 • Hauteurs

FICHE GÉOPLAN

CREEM

ACTIVITÉ

a Construis la figure ci-dessous avec le logiciel (*sans tenir compte des mesures*).

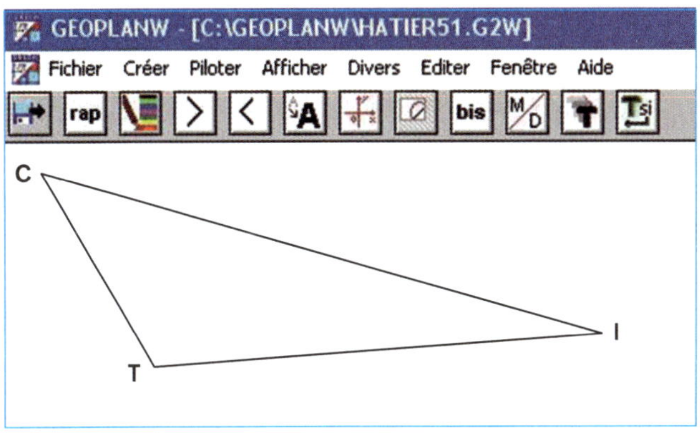

Commence par placer les points T, I, C, puis construis le triangle TIC. Déplace les points de manière à obtenir un angle obtus pour l'angle $\widehat{CTI}$.

b Complète ensuite la figure obtenue : trace en couleur la hauteur d_1 issue de C. Place le point B, point d'intersection de la hauteur d_1 avec (TI).

c Trace en couleur la hauteur d_2 issue de T. Place le point O, point d'intersection des droites d_1 et d_2.

d Trace en couleur la droite (OI). Place le point D, point d'intersection des droites (OI) et (CT).

e Déplace les points T, I, C de manière à obtenir des triangles TIC très différents et observe la figure.

f Fais afficher la mesure de l'angle $\widehat{IDC}$ en degrés.

AVEC LES OUTILS DU LOGICIEL

Pour placer des points, à partir du menu **Créer** :

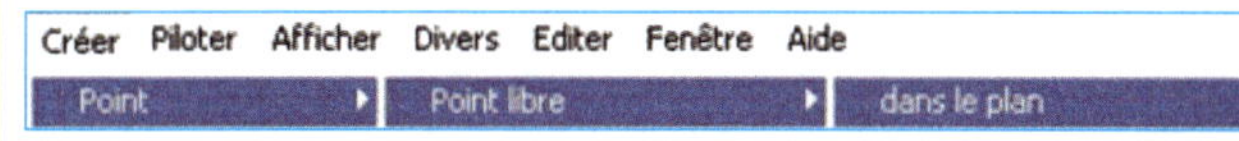

Pour tracer le polygone TIC :

puis :

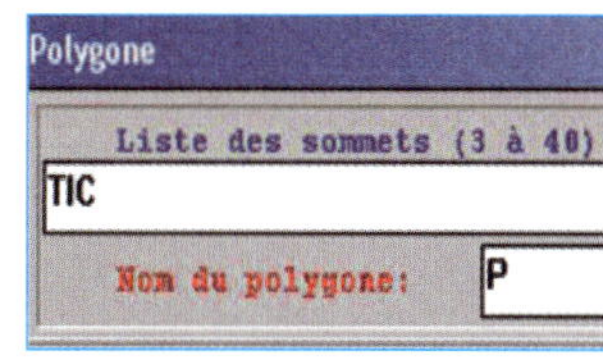

Pour tracer la hauteur d_1 issue de C :

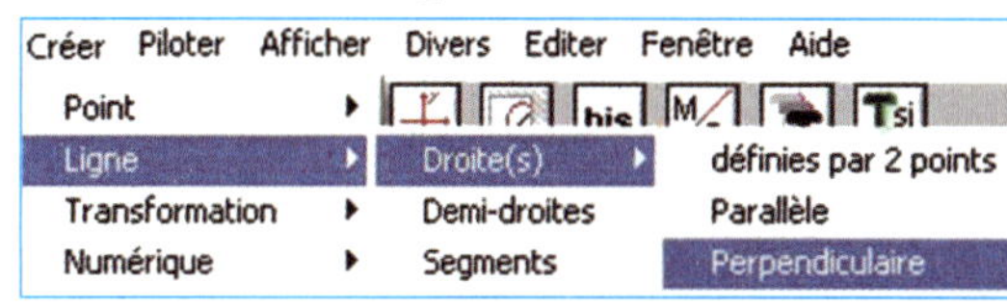

puis :

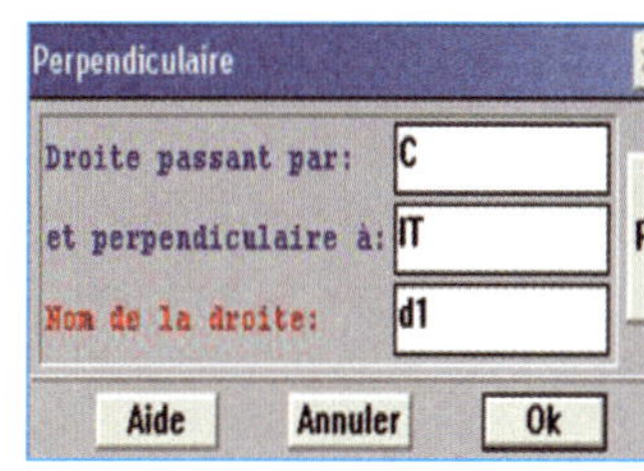

Pour placer le point d'intersection de deux droites :

Pour afficher une mesure d'angle en degrés, dans le menu **Créer :** affichage :

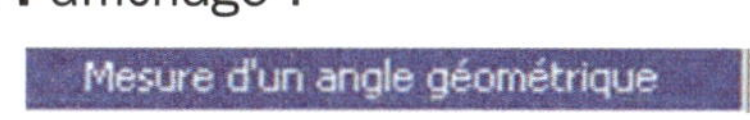

puis :

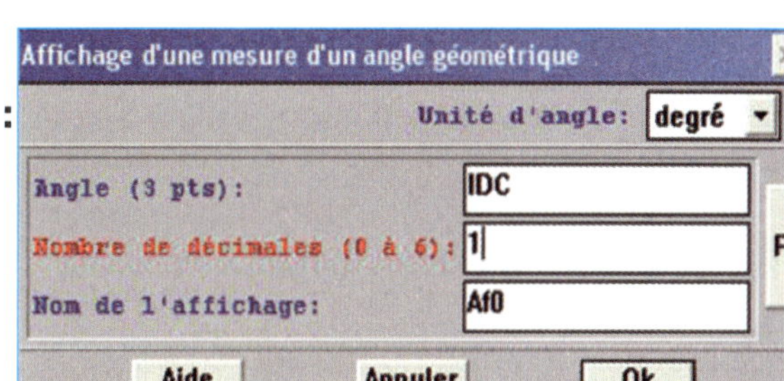

ÉCRIRE

g Le point O est-il toujours situé à l'extérieur du triangle TIC ? Explique ta réponse. ....

h Quelle est la mesure de l'angle $\widehat{IDC}$? Est-elle toujours la même si on déforme le triangle IDC ? ......

i Que représente la droite (OI) pour le triangle TIC ? Explique ta réponse. ....

j Que peut-on dire du point O pour le triangle TIC? Explique ta réponse. ....

k Construis, sur papier uni, la figure de l'écran avec : TI = 6 cm, IC = 8 cm et CT = 3,5 cm.

2 • Cercle circonscrit

FICHE CABRI

ACTIVITÉ

a Crée un triangle LOT.

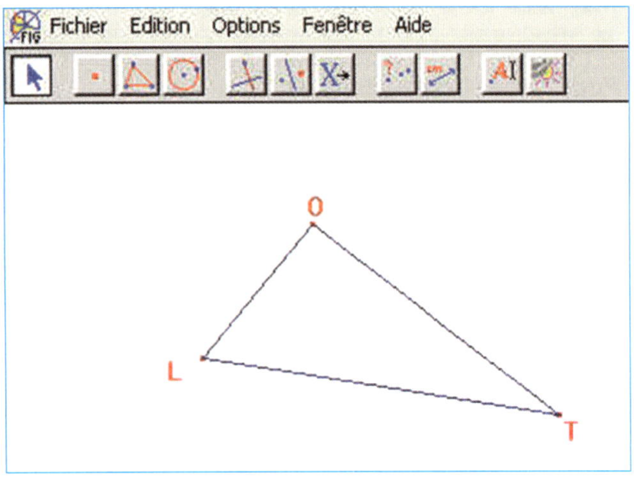

b Crée la médiatrice de [LO] et de [OT].

c Crée le point I qui se trouve à l'intersection des deux médiatrices.

d Crée le cercle de centre I qui passe par O.

AVEC LES OUTILS DU LOGICIEL

Chaque fois que tu changes d'outils ou que tu veux déplacer un point, reviens au bouton :

outil « pointer »

Pour créer un triangle : crée les trois sommets et saisis leurs noms au clavier.

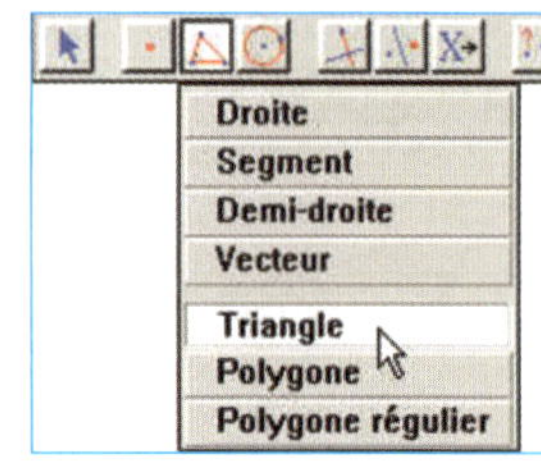

Pour construire une médiatrice : montre le segment.

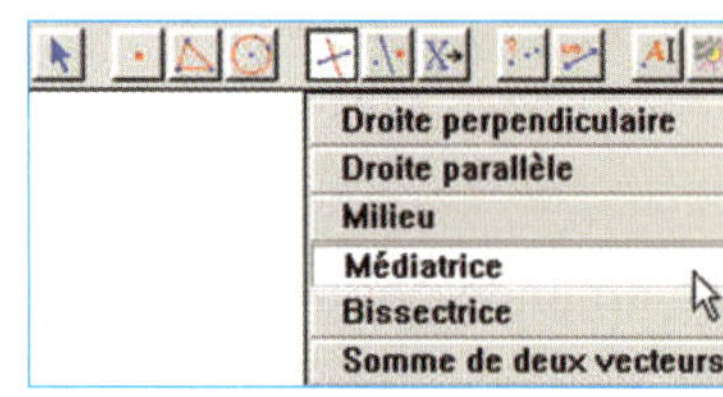

Pour créer un point d'intersection : montre les deux droites et saisis le nom du point au clavier.

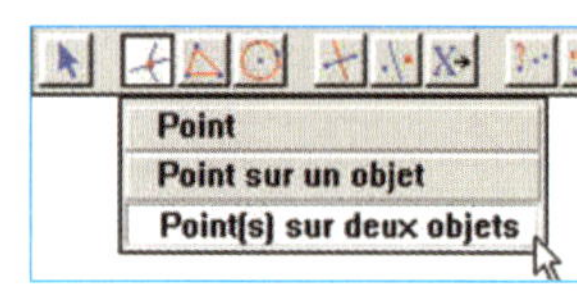

Pour créer un cercle : montre le centre et un point.
Vérifie que quand tu déplaces le point, celui-ci reste sur le cercle.

ÉCRIRE

e Que peux-tu dire des points T et L ? ....

f Modifie la forme du triangle en déplaçant ses sommets. Que remarques-tu ? ....

g Modifie le triangle pour que le point I se trouve à l'intérieur du triangle. Que peux-tu dire des angles du triangle ? ....

h Existe-t-il un triangle tel que I soit sur un de ses côtés ? Ce triangle est-il particulier ? Si oui, quelle est sa nature ? ....

i Construis sur papier un cercle de centre J passant par un point O. Construis ensuite un triangle COU tel que J soit à l'intérieur de ce triangle, un triangle ROI tel que J soit à l'extérieur de ce triangle et un triangle MOT tel que J soit sur [MT].

3 • Symétrie centrale

FICHE GÉOPLAN

CREEM

ACTIVITÉ

a Construis la figure ci-dessous avec le logiciel.

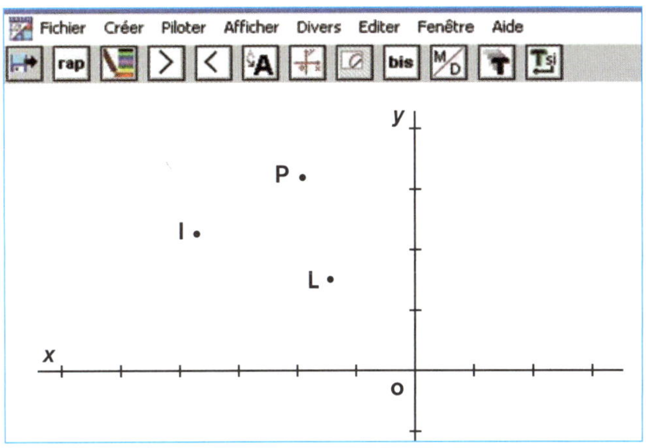

Commence par placer les points P, L, I comme sur la figure. Les droites (o*x*) et (o*y*) sont perpendiculaires en o. Trace ensuite le triangle PLI.

b Construis l'image du triangle PLI par la symétrie d'axe (o*y*), nommée s1 : on obtient le triangle P'L'I'.

c Construis l'image du triangle P'L'I' par la symétrie d'axe (o*x*), nommée s2 : on obtient le triangle P"L"I".

d Trace les segments [PP"], [LL"] et [II"] en pointillés et hachure en couleur l'aire des triangles PLI et P"L"I".

e Fais afficher les longueurs PO, OP", LO, OL", IO, OI".

f Fais afficher les longueurs PL, LI, IP puis P"L", L"I", I"P".

g Fais afficher les mesures des angles $\widehat{PLI}$, $\widehat{IPL}$, $\widehat{LIP}$, $\widehat{P"L"I"}$, $\widehat{I"P"L"}$, $\widehat{L"I"P"}$ en degré.

AVEC LES OUTILS DU LOGICIEL

Pour tracer les droites (o*x*) et (o*y*), clique sur l'icône : 

Pour construire l'image de points par une symétrie axiale :

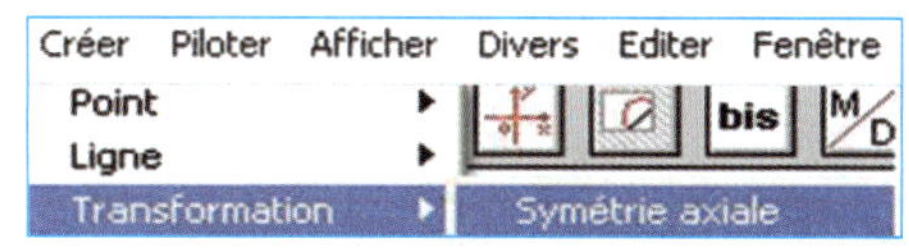

puis :

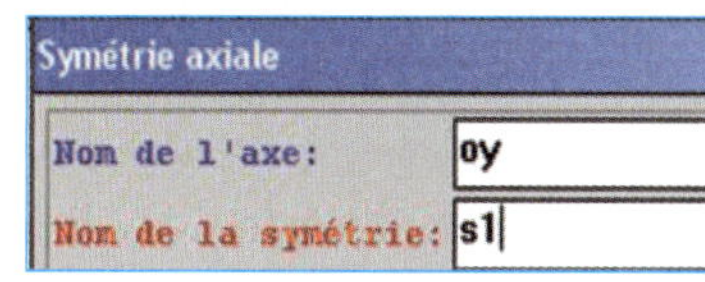

et ensuite :

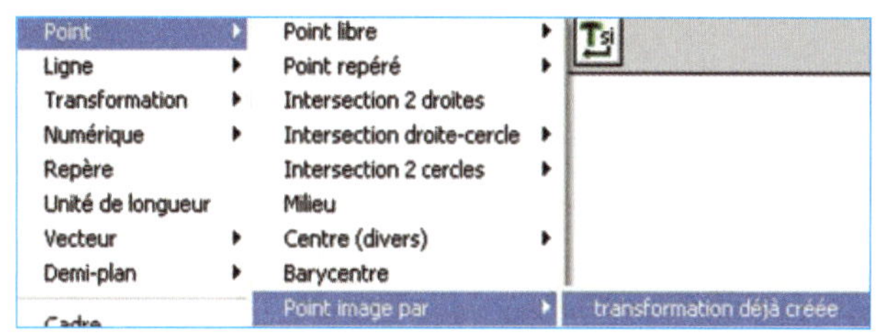

puis :

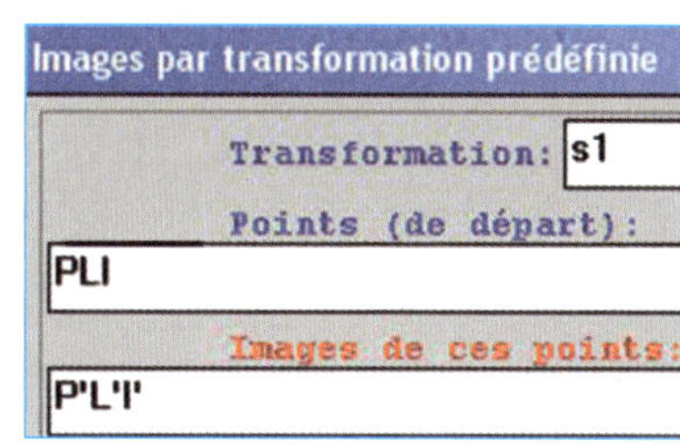

Pour construire l'image de points par une autre symétrie axiale, on peut utiliser l'icône : 

Pour tracer en pointillés ou pour hachurer, on utilise la boîte de style : 

ÉCRIRE

h En déplaçant les points P, L, I, que peux-tu dire de la position du point o sur les segments [PP"], [LL"] et [II"] ? Où se trouve le point P' lorsque le point P est confondu avec o ? ....

i Compare les longueurs PL et P"L", LI et L"I", puis PI et P"I". Cette observation est-elle vraie quelle que soit la position des points P, L, I ? ....

j Compare les mesures des angles $\widehat{PLI}$ et $\widehat{P"L"I"}$, $\widehat{IPL}$ et $\widehat{I"P"L"}$, puis $\widehat{LIP}$ et $\widehat{L"I"P"}$. Cette observation est-elle vraie quelque soit la position des points P, L, I ? ....

k Le triangle P"L"I" a été construit par l'action de deux symétries axiales successives d'axes perpendiculaires. Par quelle commande du logiciel pourrait-on construire directement le triangle P"L"I" à partir du triangle PLI ? Vérifie ta réponse avec le logiciel sur une nouvelle feuille. ....

l Construis, sur papier uni, la figure de l'écran en prenant : PL = 4 cm, LI = 3 cm et PI = 2,5 cm.

4 • Angles

FICHE CABRI

Activité

a Crée quatre points et nomme-les : Z, O, E et A.

b Crée les demi-droites [OZ) et [OE).

c Marque et mesure l'angle $\widehat{ZOE}$.

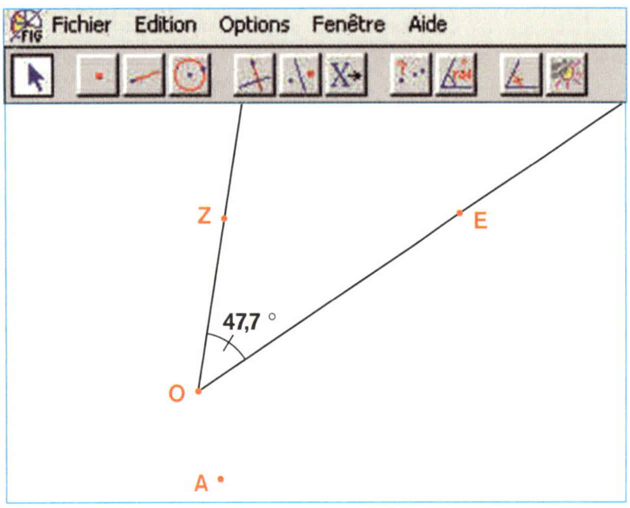

d Crée le symétrique [IT) de [OZ) par rapport à A.

e Crée le symétrique [IM) de [OE) par rapport à A.

f Marque et mesure l'angle $\widehat{TIM}$.

Avec les outils du logiciel

Pour créer un point et le nommer : saisis son nom au clavier.

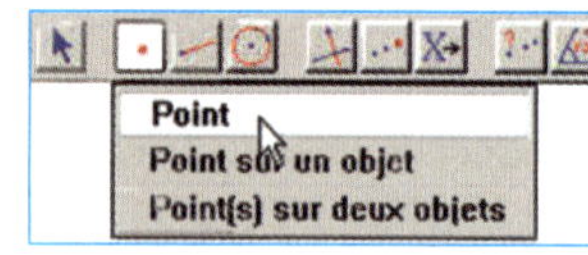

Pour créer une demi-droite :

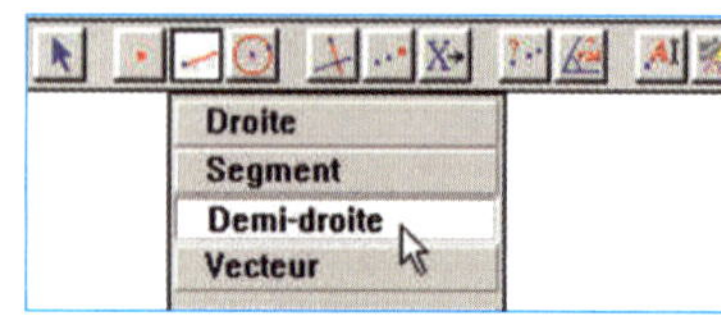

Pour marquer un angle : montre les points qui définissent l'angle, le deuxième point étant le sommet.

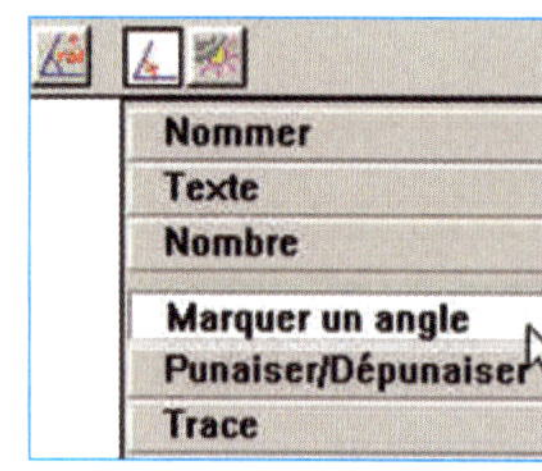

Pour mesurer un angle : même manipulation que pour marquer l'angle.

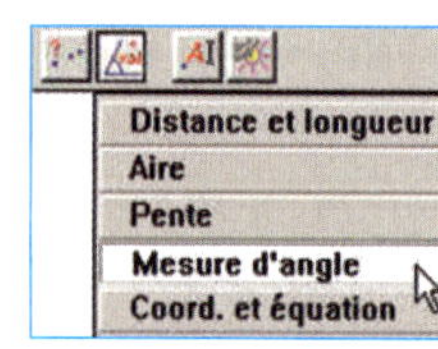

Pour créer le symétrique d'un objet : montre l'objet, puis le point qui est centre de symétrie.

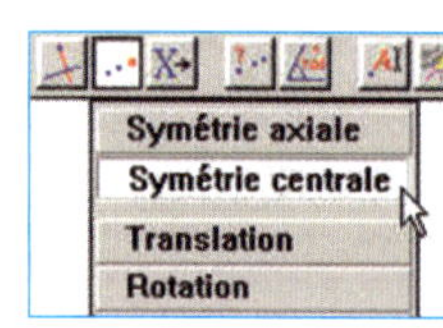

Écrire

g Que peux-tu dire des angles $\widehat{ZOE}$ et $\widehat{TIM}$? ....
Déplace les points Z, O, E ou A pour confirmer ta conjecture.

h Déplace le point A pour que les points O, I et A soient confondus. Que peux-tu dire alors des droites (ZT) et (ME) ? ....

i Déplace le point A pour que les points E, M et A soient confondus. Que peux-tu dire alors des droites (OZ) et (IT) ? ....

j Que peux-tu dire alors de la droite (OI) par rapport aux droites (OZ) et (IT)? ....

k Sur papier, construis deux droites parallèles et une droite sécante à ces deux droites. Note les angles égaux.

5 • Parallelogrammes

FICHE GÉOPLAN

CREEM

ACTIVITÉ

a Construis la figure ① ci-dessous avec le logiciel.

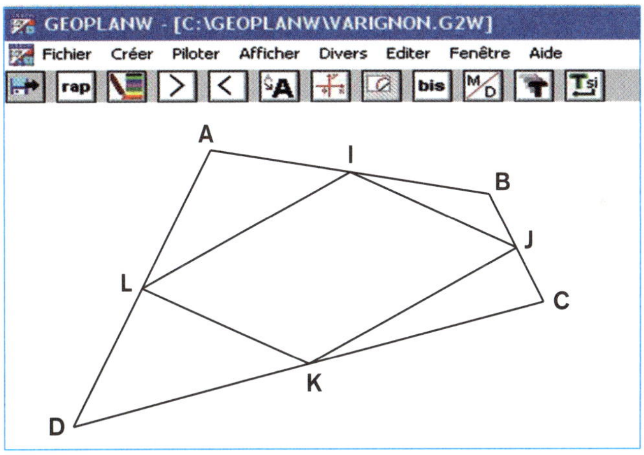

Soit ABCD un quadrilatère non croisé. Place I, J, K, L, les milieux respectifs des côtés [AB], [BC], [CD] et [DA]. Trace ensuite le quadrilatère IJKL.

b Construis les diagonales [IK] et [JL], puis place O, point d'intersection de ces deux diagonales. Mets en couleur les diagonales de IJKL.

c Fais afficher les longueurs OI, OK, OL et OJ.

d Construis la figure ② sur une nouvelle feuille, en traçant d'abord un losange BLEU de centre O. Trace un segment [BE], puis son milieu O. Trace ensuite la médiatrice *d* de [BE]. Place le point L, libre sur cette droite, puis le point U, symétrique de L par rapport à O.

e Place un point V, libre dans le plan. Construis le quadrilatère VARI tel que les points B, L, E, U soient les milieux de ses côtés. Pour cela, utilise des symétries centrales.

AVEC LES OUTILS DU LOGICIEL

Pour construire un polygone à partir de ses sommets :

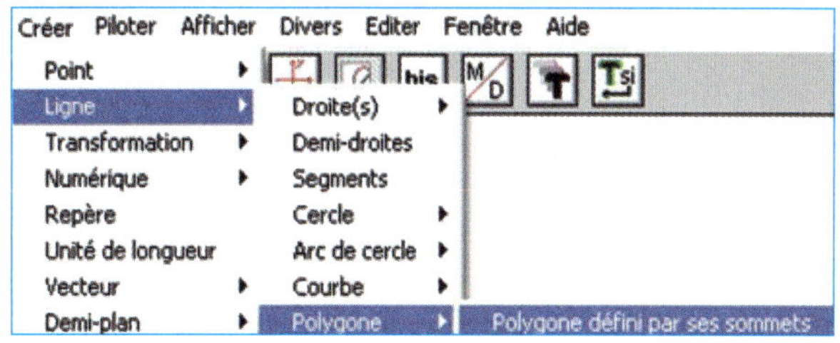

Pour tracer la médiatrice d'un segment :

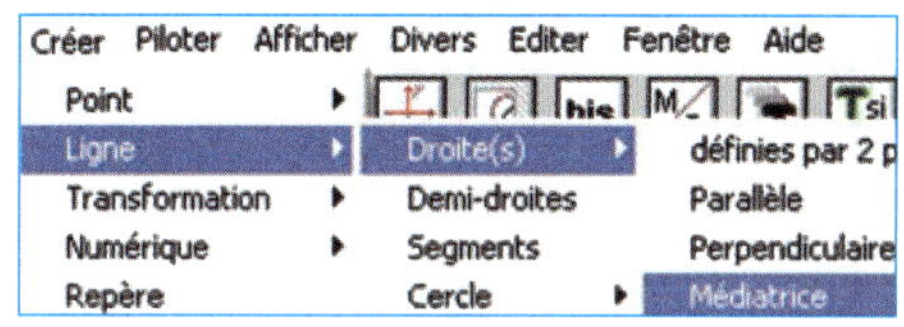

Pour tracer le symétrique d'un point par symétrie centrale :

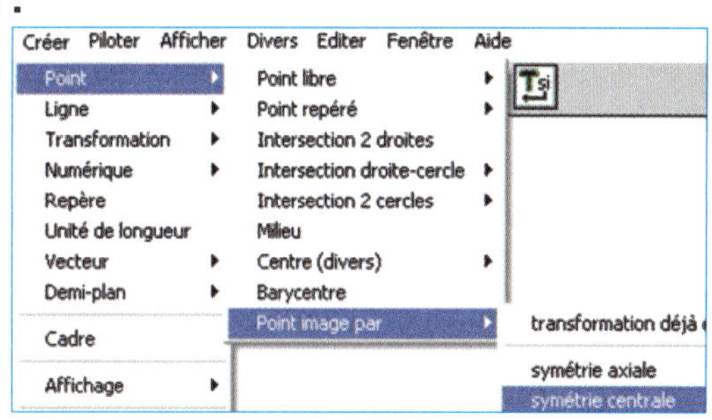

puis :

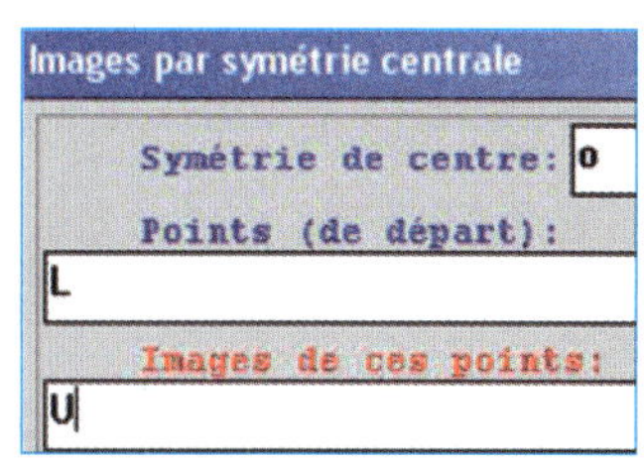

ÉCRIRE

f Quand tu déplaces les points A, B, C, D, quelle semble être la nature du quadrilatère IJKL ? Est-ce toujours la même ? ....

g Que représente le point O pour le quadrilatère IJKL ? Cite la propriété te permettant d'affirmer sa nature. ....

h Quand tu déplaces les points B, L, E, U de la figure ②, le quadrilatère VARI est-il toujours un rectangle ? ....

i Dans la figure ②, quelle doit être la position des droites (VL) et (VB) pour que VARI soit un rectangle ? Vérifie en faisant afficher les angles de ce rectangle. ....

j Sur papier uni, construis BLEU dans le cas où VARI est un rectangle, en prenant BE = 4 cm et LO = 3.

6 • Quadrilatère

FICHE CABRI

Activité

a Crée un segment [LO].

b Crée le point I milieu du segment [LO].

c Crée le cercle de centre I passant par O.

d Crée un point E hors du cercle.

e Crée le symétrique du point E par rapport à I. Appelle N ce point.

f Crée le segment [EN].

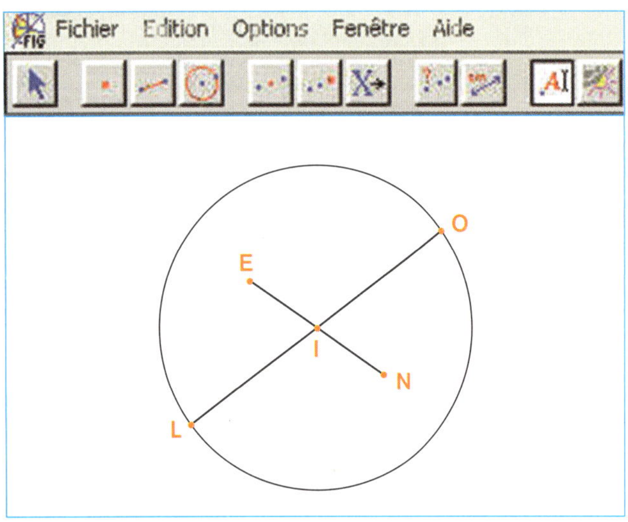

g Crée le polygone LEON.

h Marque et mesure l'angle $\widehat{EIO}$.

Avec les outils du logiciel

Pour créer un segment : saisis le nom des points au clavier.

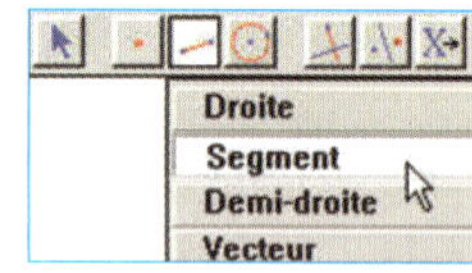

Pour créer le milieu d'un segment : montre le segment, puis saisis le nom du point au clavier.

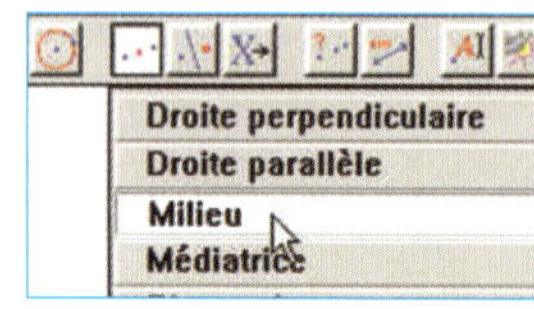

Pour créer le symétrique d'un objet : montre l'objet, puis le point qui est le centre de symétrie.

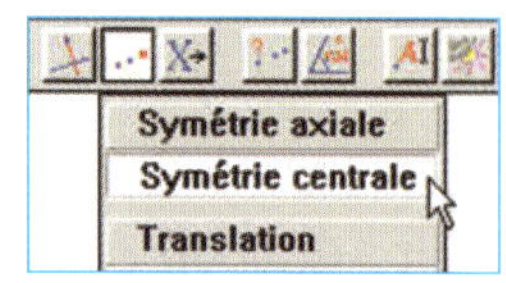

Pour créer un polygone : montre les sommets du polygone et reviens au premier point montré.

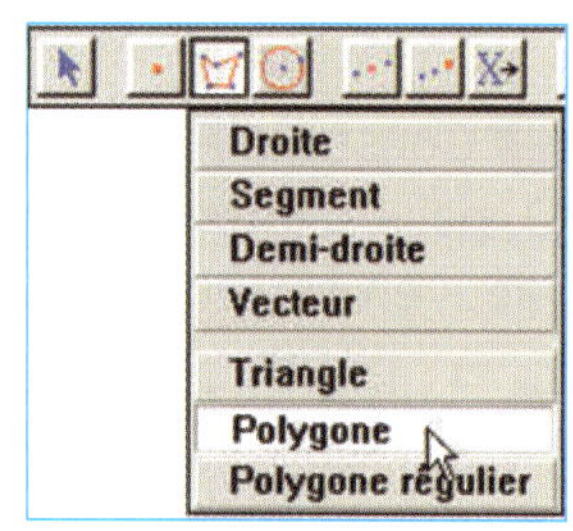

Pour marquer et mesurer un angle : montre les points qui définissent l'angle, le deuxième point étant le sommet.

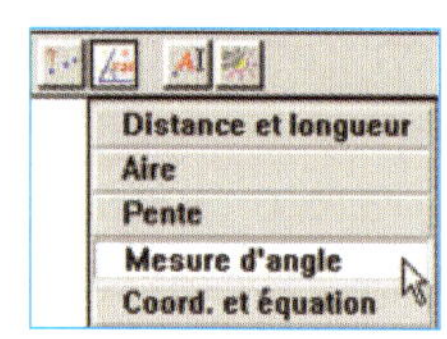

Écrire

i Comment appelle-t-on les segments [EN] et [LO] dans le polygone LEON ? ....

j Que peux-tu dire de I par rapport aux diagonales [EN] et [LO] ? ....

k Comment appelle-t-on le quadrilatère LEON ? ....

l Déplace le point E pour que le quadrilatère LEON soit un rectangle. Où se trouve alors le point E ? Que peux-tu dire de EN et de LO ? ....

m Déplace le point E pour que le quadrilatère LEON soit un carré. Où se trouve alors le point E ? Que peux-tu dire de (EN) et de (LO) ? Que peux-tu dire de EN et de LO ? ....

n Peut-on fabriquer ainsi un losange ? Si oui, que peux-tu dire de (EN) et de (LO) ? de EN et de LO ?

o Sur une feuille, construis un cercle de centre O passant par un point A, puis construis à partir de ce cercle un carré MARC et un rectangle FAUX.

7 • Prisme

FICHE GÉOPLAN

CREEM

ACTIVITÉ

a Avec le logiciel Géospace, charge la figure « **prisme** ».

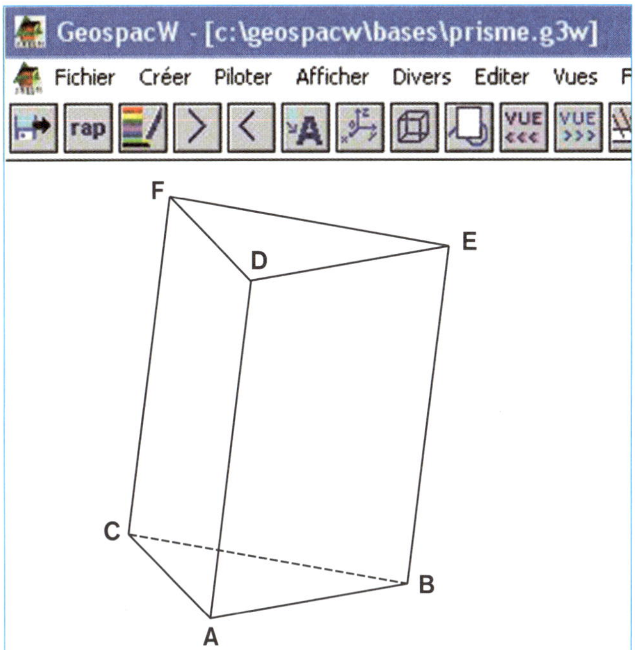

Soit ABCDEF un prisme droit dont la base est un triangle.

b Observe à l'écran la représentation de ce prisme en perspective cavalière, puis fais le tourner de manière à obtenir le polygone EFCB de face.

c Examine en particulier la face ABC, puis la face DEF.

d Fais afficher les longueurs AB, AC, ED et DF.

e Fais afficher les mesures des angles $\widehat{BAC}$ et $\widehat{EDF}$.

f Fais afficher d'autres mesures d'angles pour vérifier que certaines arêtes ou certaines faces sont perpendiculaires.

AVEC LES OUTILS DU LOGICIEL

Pour charger la figure :

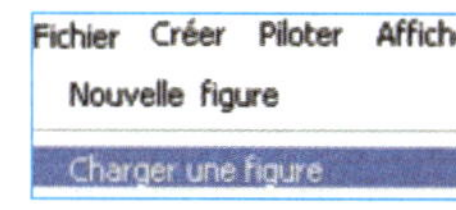

puis, dans le répertoire « **bases** », choisis la figure « **prisme** ».

Pour examiner une face, ouvre l'icône :

puis complète la fenêtre :

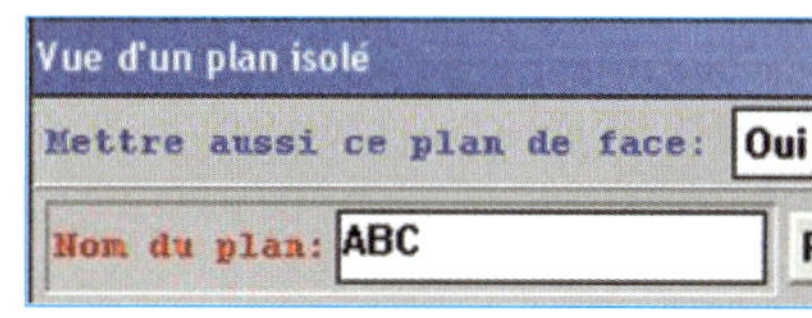

Pour afficher la mesure d'un angle, à partir du menu **Créer :**

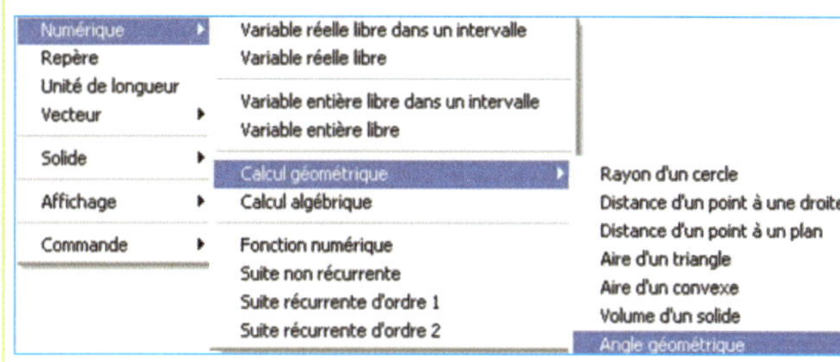

Puis complète la fenêtre :

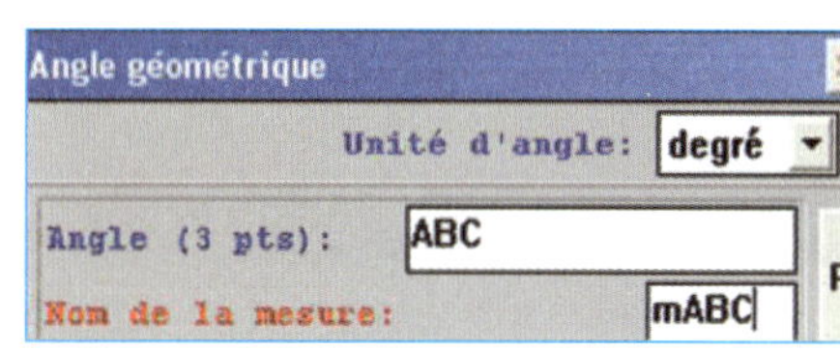

Ensuite, à partir du menu **Créer :**

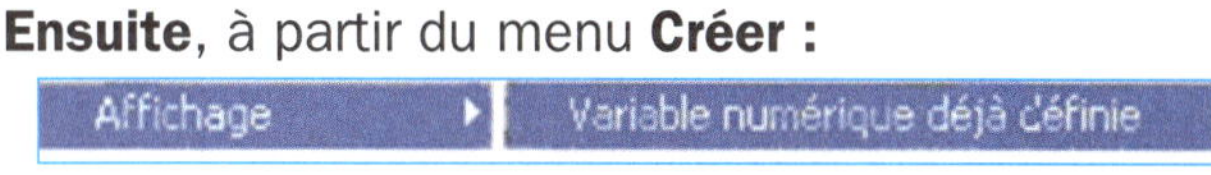

Et enfin :

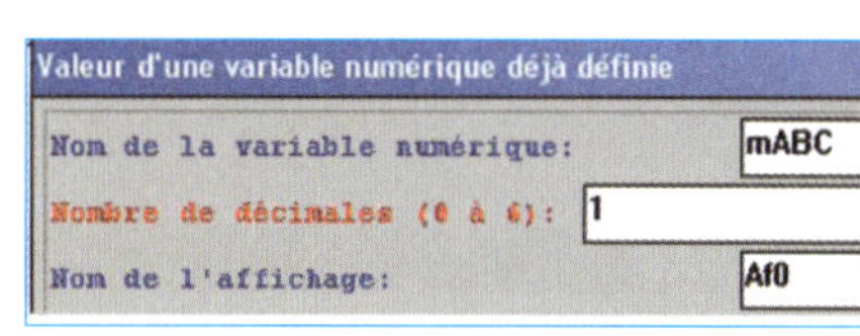

ÉCRIRE

g Quelle est la nature des triangles ABC et DEF ? ....

h Nomme les faces parallèles de ce solide. ....

i Cite le nom des faces perpendiculaires à la face ABC, puis à la face ABED. ....

j Quelles sont les arêtes perpendiculaires à l'arête [AD]? ....

k Représente, sur une feuille, ce prisme droit en perspective cavalière en plaçant EFCB de face.

l Reproduis, sur papier uni, en vraie grandeur, la base ABC (en prenant AB = 4,2 cm).

m Quelle serait la hauteur d'un prisme droit de même base, si son volume était égal à 88,2 cm^3 ?

8 • Aire

FICHE CABRI

Activité

a Crée un segment [LE] et une droite perpendiculaire en L à (LE), sur laquelle tu créeras un point O.

b Construis une droite parallèle en O à (LE).

c Sur cette droite, crée un point I.

d Crée le milieu G de [IE].

e Construis le symétrique S de L par rapport à G.

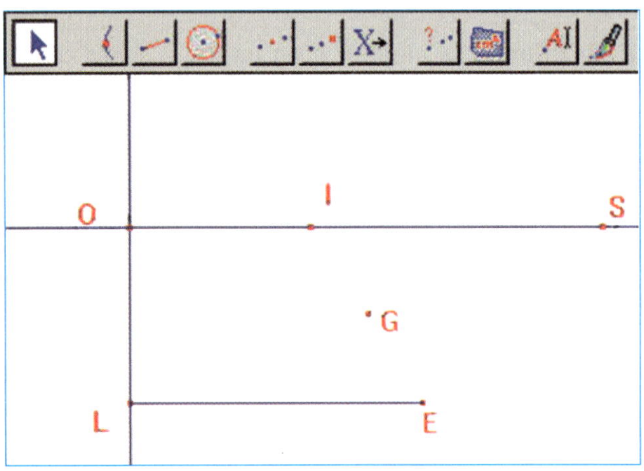

f Crée le polygone LISE.

g Affiche l'aire du polygone LISE.

h Colorie ce polygone en vert.

Avec les outils du logiciel

Pour créer une droite perpendiculaire en un point : montre le point et la droite ou le segment.

Pour créer une droite parallèle en un point : montre le point et la droite ou le segment.

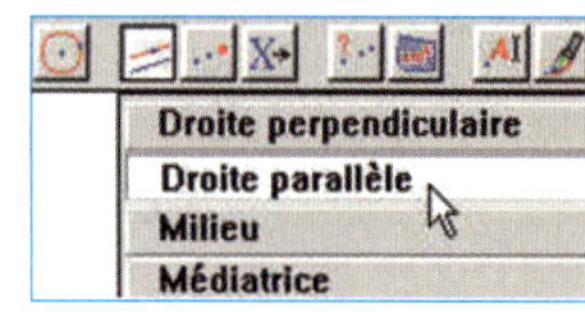

Pour créer le symétrique d'un objet : montre l'objet, puis le point qui est centre de symétrie.

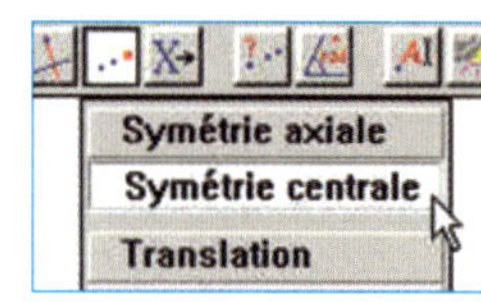

Pour afficher l'aire d'un polygone : montre le polygone.

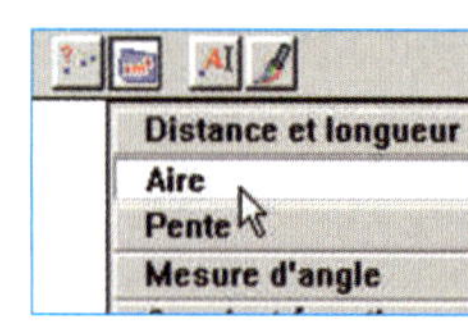

Pour colorier un polygone : montre le polygone.

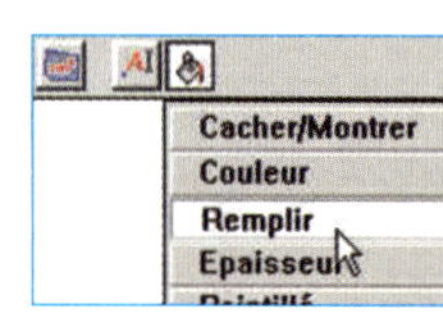

Écrire

i Comment appelle-t-on le polygone LISE ? ....

j Déplace le point I. Que constates-tu quant à l'aire du polygone ? ....

k Place le point I sur le point O. Comment appelle-t-on le parallélogramme obtenu ? ....

l Quels points dois-tu déplacer pour augmenter l'aire du parallélogramme ? Quels sont alors les segments qui changent de longueur ? ....

m Si LE = 5 cm et l'aire de LISE est 15 cm^2, donne, si c'est possible, les mesures des segments suivants (si tu ne peux pas donner la mesure, mets un « ? »).

LE = ... LI = ... IS = ... SE = ... LO = ...

n Sur une feuille, construis un parallélogramme MOUS, puis, avec les mêmes points M et S, construis un parallélogramme MAIS qui aura la même aire que MOUS.

3 | Qui suis-je ?

Déduire

a Complète les phrases suivantes en précisant la nature du quadrilatère (parallélogramme, rectangle, losange ou carré).

1. Je suis un quadrilatère et mes diagonales se coupent en leur milieu ; je suis un ....
2. Je suis un rectangle et mes diagonales sont perpendiculaires ; je suis un ....
3. Je suis un parallélogramme et mes diagonales ont la même longueur ; je suis un ....
4. Je suis un parallélogramme et un de mes angles est droit ; je suis un ....
5. Je suis un quadrilatère et mes quatre angles sont droits ; je suis un ....
6. Je suis un losange et mes diagonales ont la même longueur ; je suis un ....
7. Je suis un quadrilatère et mes diagonales sont des axes de symétrie ; je suis un ....
8. Je suis un parallélogramme et j'ai deux côtés consécutifs de même longueur ;
je suis un ....

b ABCD est un quadrilatère dont les diagonales se coupent en O.

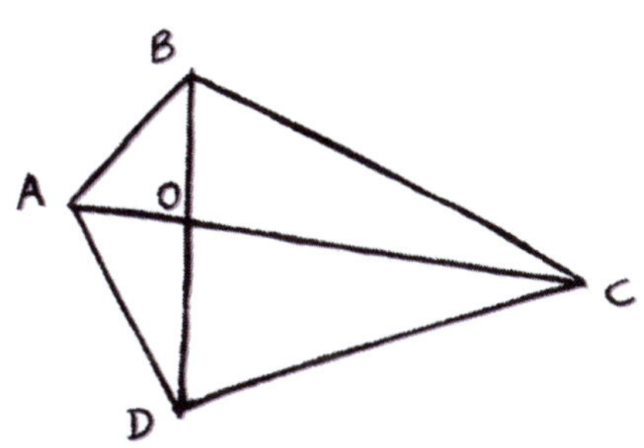

Suivant les propriétés que possède le quadrilatère ABCD précise sa nature.

propriétés du quadrilatère ABCD	nature de ABCD
(AB)// (CD) et (AD) // (BC)	ABCD est un ....
OA = OC et OB = OD et (AC) ⊥ (BD)	ABCD est un......................................
AB = BC = CD = DA et AC = BD	ABCD est un......................................
OA = OC et OB = OD et AC = BD	ABCD est un ....
(AB) ⊥ (BC) et (BC) ⊥ (CD) et (CD) ⊥ (DA)	ABCD est un ....
(AD)// (BC) et AD = BC	ABCD est un ....
(AB)// (DC) et AB = BC et (AB) ⊥ (BC)	ABCD est un ....

4 | Ses parallélogrammes

Analyser

Termine dans chaque cas la construction du **parallélogramme ABCD** en respectant les indications données sur le dessin à « main levée », puis **précise la nature** de ce parallélogramme.

a

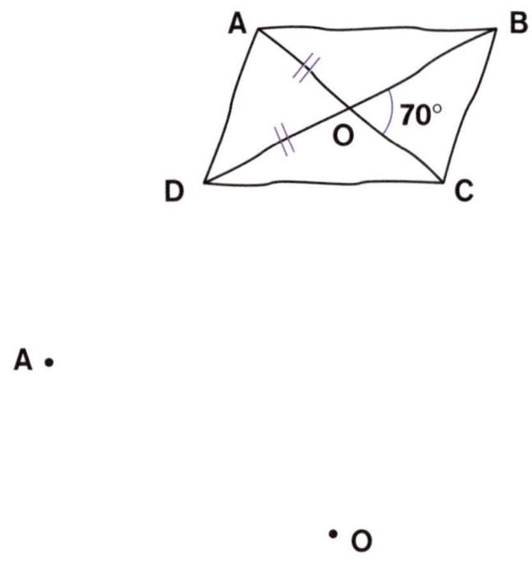

Nature de ABCD : ....

b

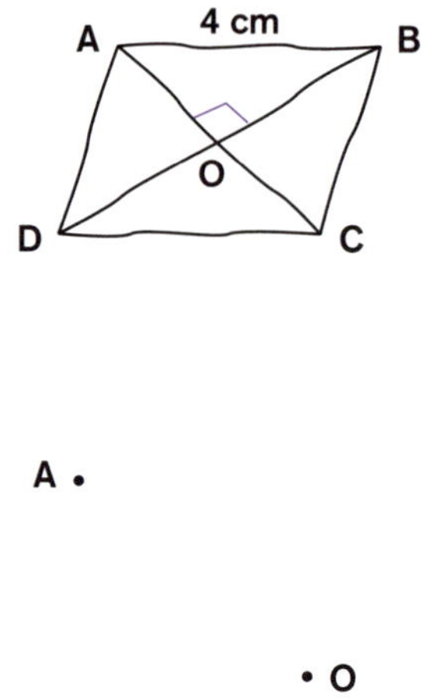

Nature de ABCD : ....

c

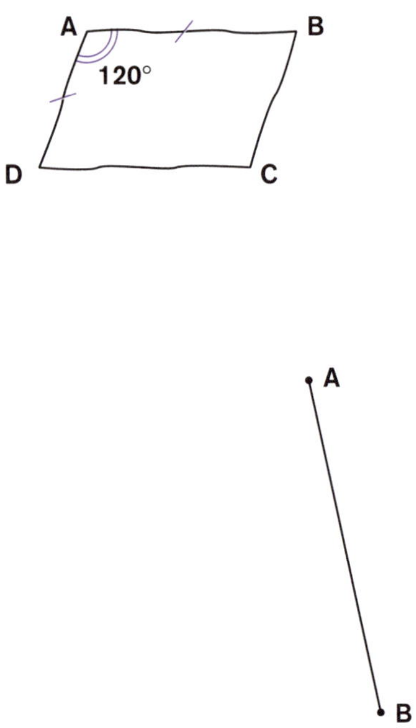

Nature de ABCD : ....

d

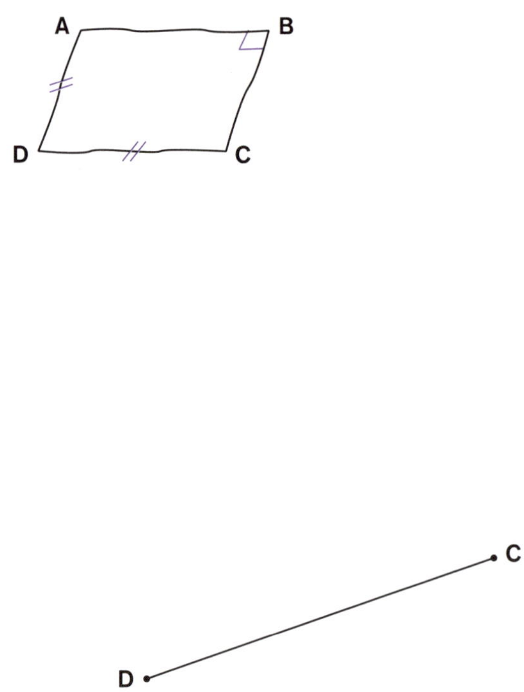

Nature de ABCD : ....

5 | Fastoche ?

S'ORGANISER

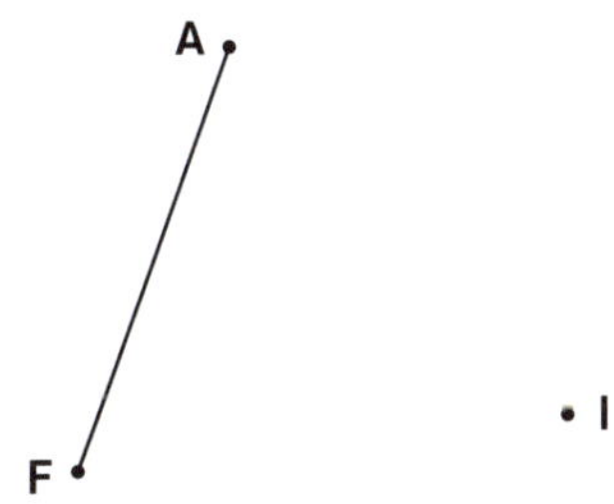

C'est moi **FASTOCHE.**

Je suis un octogone.

Voici mes particularités :

- FAOC est un **rectangle** de centre I ;
- ATCE est un **carré** ;
- FSOH est un **losange** de côté **5,3 cm**.

À toi de me dessiner.

Pour les petits futés

IMAGINER

Construis le milieu O du segment [AB] avec **uniquement une équerre** (sans utiliser les graduations).

1 | Écrire la propriété

ANALYSER

Voici les propriétés à utiliser.

1. Dans un parallélogramme, **les côtés opposés** sont **parallèles.**
2. Dans un parallélogramme, les **côtés opposés** ont la **même longueur.**
3. Dans un parallélogramme, les **diagonales** ont le **même milieu.**
4. Dans un parallélogramme, les **angles opposés** ont la **même mesure.**
5. Si dans un quadrilatère les **côtés opposés** sont **parallèles**, alors c'est un parallélogramme.
6. Si dans un quadrilatère les **côtés opposés** ont **la même longueur**, alors c'est un parallélogramme.
7. Si dans un quadrilatère les **deux côtés opposés** ont **la même longueur** et **sont parallèles**, alors c'est un parallélogramme.
8. Si dans un quadrilatère les **diagonales** ont **le même milieu**, alors c'est un parallélogramme.
9. Si dans un quadrilatère les **angles opposés** ont **la même mesure**, alors c'est un parallélogramme.

Dans les exercices **a**, **b**, **c**, **d**, complète les raisonnements en écrivant la propriété qui convient.

a **Tu sais que :**
ABCD est un parallélogramme
AE = FC

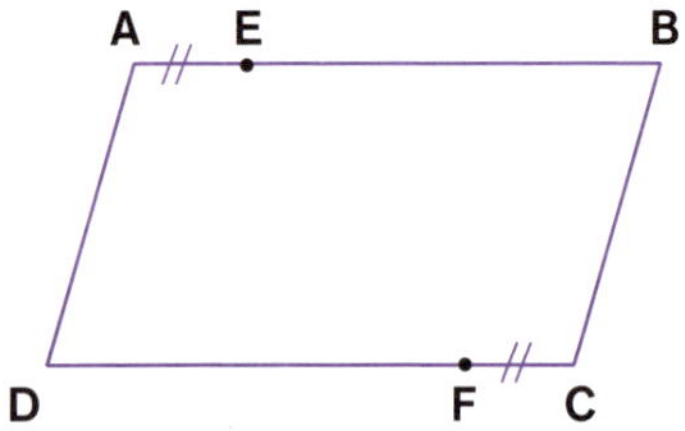

Comment prouver que :
AECF est un parallélogramme ?

ABCD est un parallélogramme, donc (AB) // (CD) car ....
....
....

Or les points A, E et B sont alignés, ainsi que les points D, F et C, donc (AE)//(CD). Comme AE = CF, j'en déduis que AECF est un parallélogramme car ....
....
....
....

b **Tu sais que :**
ABCD est un parallélogramme
EO = OF

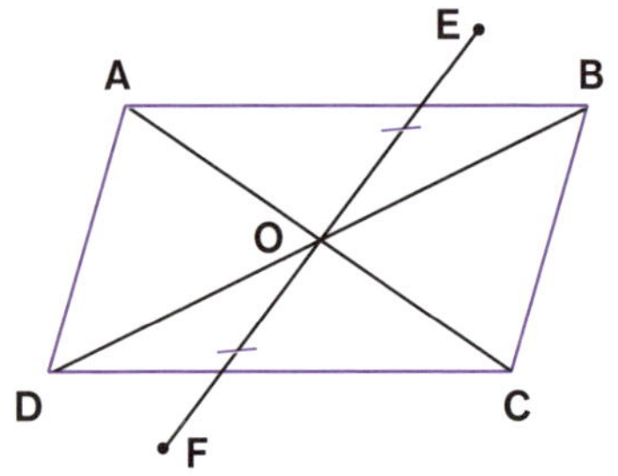

Comment prouver que :
AECF est un parallélogramme ?

ABCD est un parallélogramme, donc O est le milieu de [BD] car ....
....

Or O est le milieu de [EF], donc AECF est un parallélogramme car ....
....
....

c **Tu sais que :**

ABCD est un parallélogramme
A est le milieu de [DE]

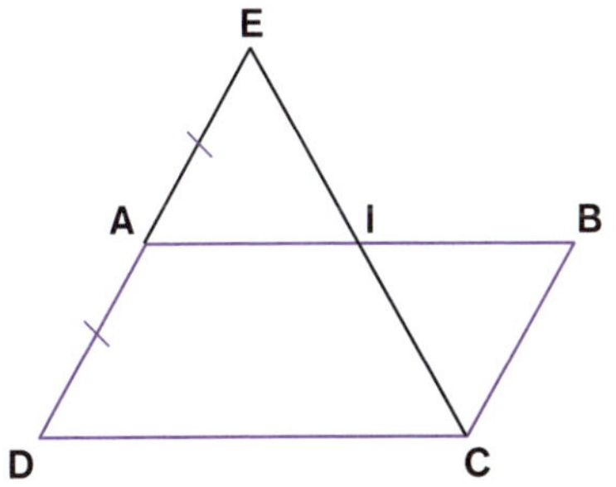

Comment prouver que :
I est le milieu de [EC]

ABCD est un parallélogramme, donc (AD)//(BC) et AD = BC car ....

....

....

Or A est le milieu de [DE], donc DA = AE. Comme dans le quadrilatère AEBC, (AE)//(BC) et AE = BC, j'en déduis que AECB est un parallélogramme car..................................

....

....

Comme AEBC est un parallélogramme, j'en déduis que I est le milieu de [EC], car ....

....

....

d **Tu sais que :**
ABCD est un parallélogramme
(DF)⊥(DB) et (EB)⊥(BD) et BE = DF

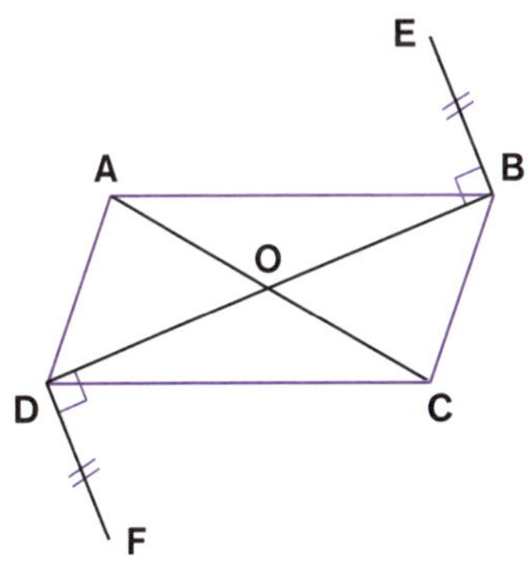

Comment prouver que :
AECF est un parallélogramme ?

(BE) et (DF) sont perpendiculaires à (DB), donc (BE) // (DE)

car ....

....

....

BE = DF et (BE) // (DF) donc BEDF est un parallélogramme

car ....

....

J'en déduis que O est le milieu de [EF] car..........................

....

....

En appliquant la même propriété dans le parallélogramme ABCD, je peux dire que O est le milieu de [AC]. Comme O est le milieu de [AC] et de [EF], j'en déduis que le quadrilatère AECF est un parallélogramme car..

....

....

....

2 | Quadrilatères particuliers (III) (IV)

Raisonner

Tu sais que :
– (𝒞) et (𝒞′) sont deux cercles de centre O ;
– [AC] et [BD] sont deux **diamètres** de (𝒞) ;
– [EG] et [FH] sont deux **diamètres perpendiculaires** de (𝒞′).

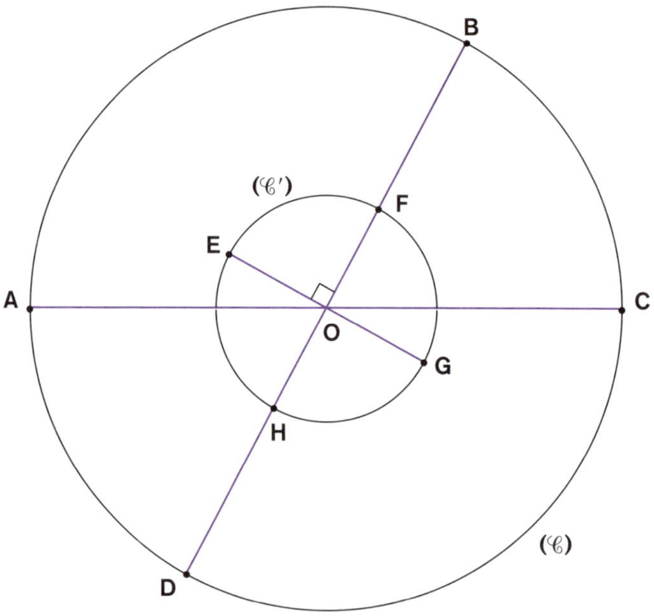

(*Pour chacune des questions* **a**, **b**, **c**, *et* **d**, *trace un quadrilatère de couleur différente.*)

a Que peux-tu dire du quadrilatère AFCH ? Prouve-le.

....

....

....

b Que peux-tu dire du quadrilatère ABCD ? Prouve-le.

....

....

....

c Que peux-tu dire du quadrilatère EBGD ? Prouve-le.

....

....

....

d Que peux-tu dire du quadrilatère EFGH ? Prouve-le.

....

....

....

3 | Avec deux carrés

Raisonner

ABCD et CEFG sont deux **carrés.**

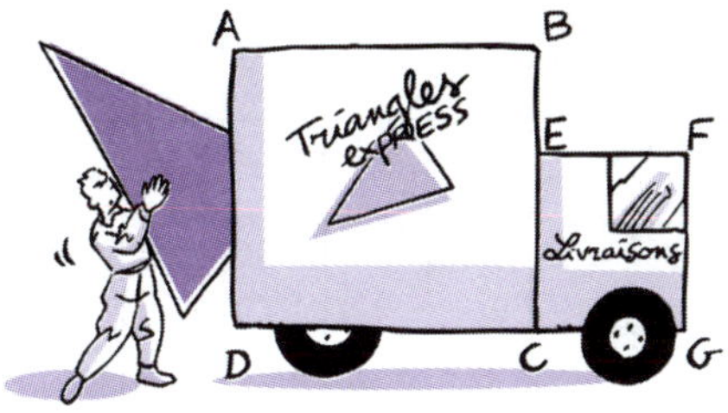

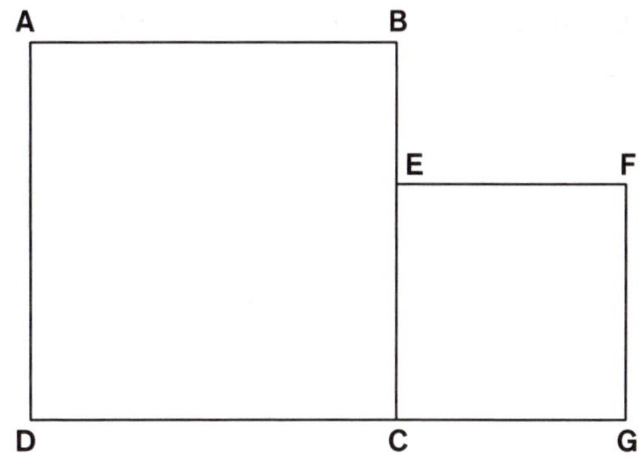

a Trace le triangle ACF. Que peux-tu dire de ce triangle ? **Prouve-le**.

b **Prouve** que les droites (DB) et (CF) sont parallèles.

Pour les petits futés

S'organiser

Dans la figure « à main levée » ci-dessous, ABCD est un **parallélogramme** et BDCE est un **rectangle**. Construis ces deux quadrilatères en utilisant **uniquement une équerre non graduée**.

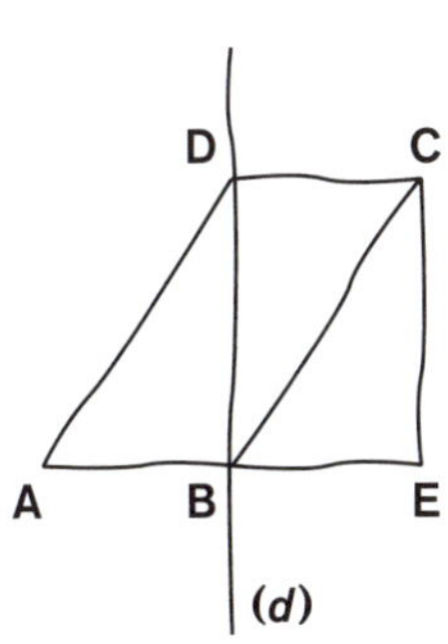

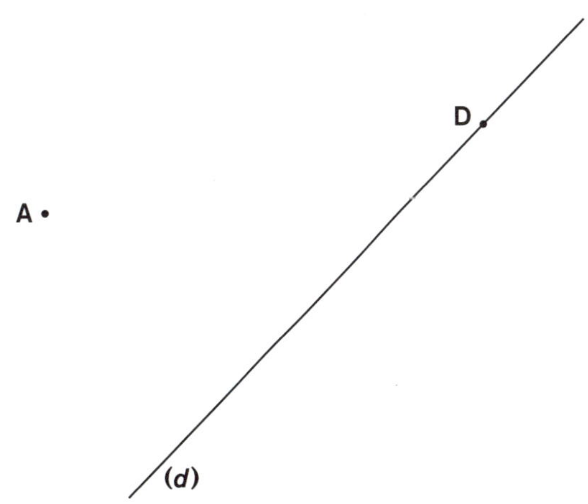

1 | Hauteurs (I)

Observer et Construire

a En utilisant le quadrillage, trace en couleur la hauteur (*d*) issue de A dans le triangle ABC.

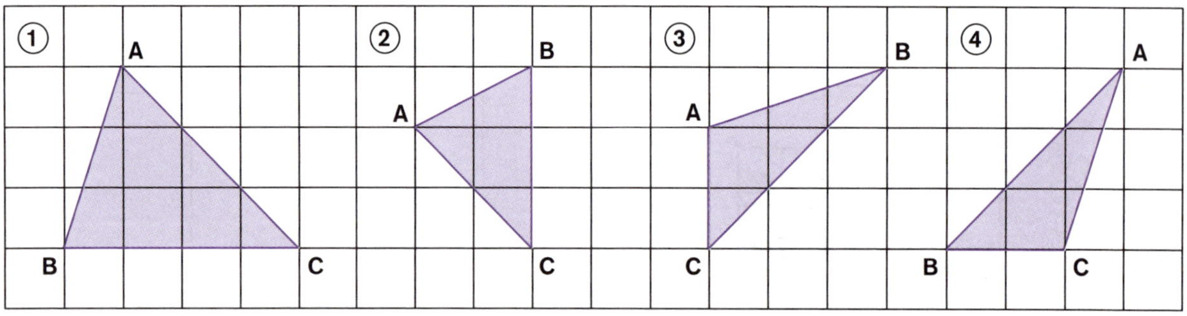

b (d_1) est la hauteur issue de A dans le triangle ABC, (d_2) est la hauteur issue de B dans le triangle ABC, (d_3) est la hauteur issue de C dans le triangle ABC. Construis (d_1), (d_2), (d_3) pour chacun des triangles ABC.

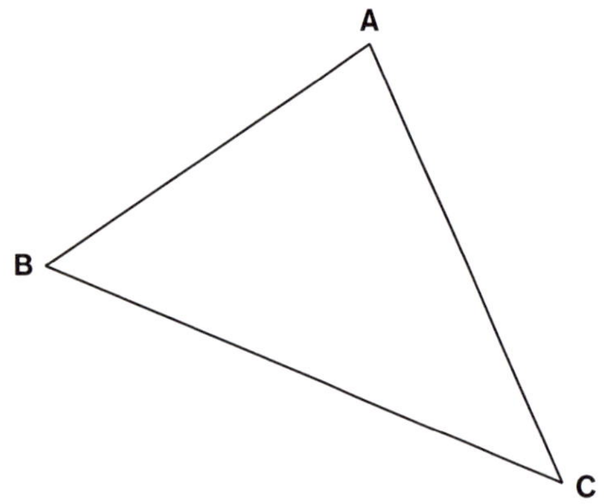

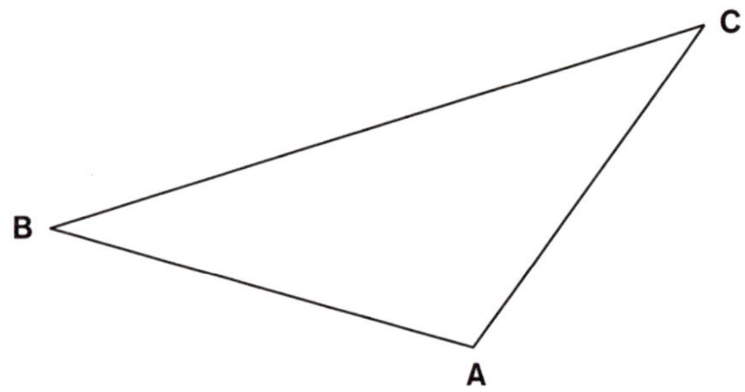

c Complète les phrases suivantes avec le nom de la droite qui convient.

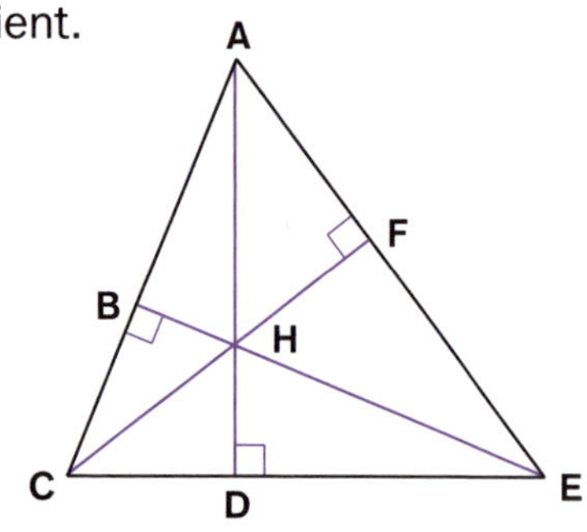

– La hauteur issue de **E** dans le triangle **ACE** est la droite..............

– La hauteur issue de **C** dans le triangle **ACE** est la droite ....

– La hauteur issue de **H** dans le triangle **HCE** est la droite ....

– La hauteur issue de **E** dans le triangle **HCE** est la droite ....

– La hauteur issue de **A** dans le triangle **ACH** est la droite ....

d ABC est un triangle tel que **AC = 5,5 CM** et (*d*) est la **hauteur** issue de A.
Construis le point C.

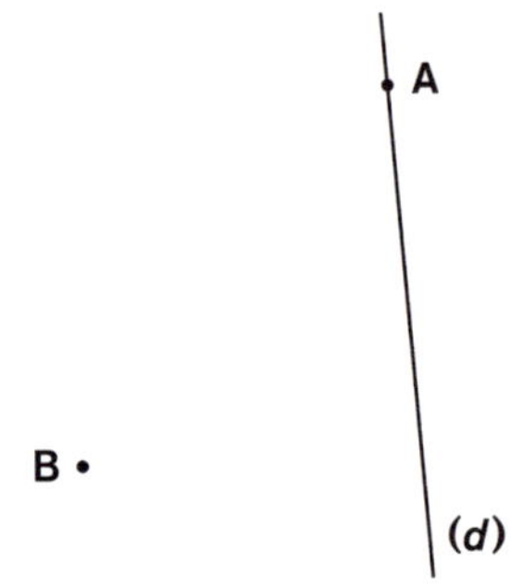

2 | Aire du triangle

OBSERVER ET ÉVALUER

a Les droites (d_1), (d_2) et (d_3) sont parallèles. Réponds aux questions qui se suivent **sans .. calculer** les aires des triangles.

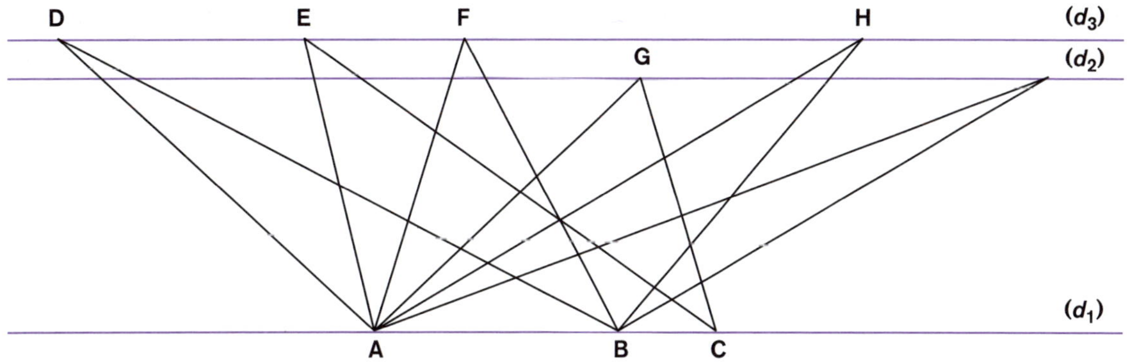

1. Complète avec l'un des signes « = » ou « < » ou « > »

aire de ADB .... aire de AFB ; aire de AEC .... aire de AHB ;

aire de AFB .... aire de AIB ; aire de AGC .... aire de AIB.

2. Parmi les triangles ADB, AEC, AFB, AGC, AHB et AIB, quel est celui qui a la plus grande aire ? .... la plus petite ? ....

b En utilisant le quadrillage, complète avec l'un des signes « = » ou « < » ou « > » :

aire 1 .... aire 2 ; aire 1 .... aire 3 ; aire 2 .... aire 4.

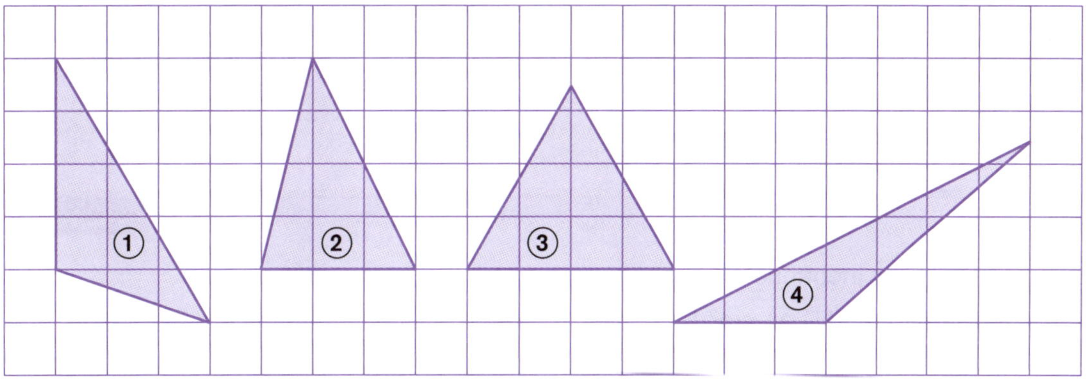

c Place les points C et D tels que l'aire du rectangle ABCD soit égale à l'aire du triangle ABE.

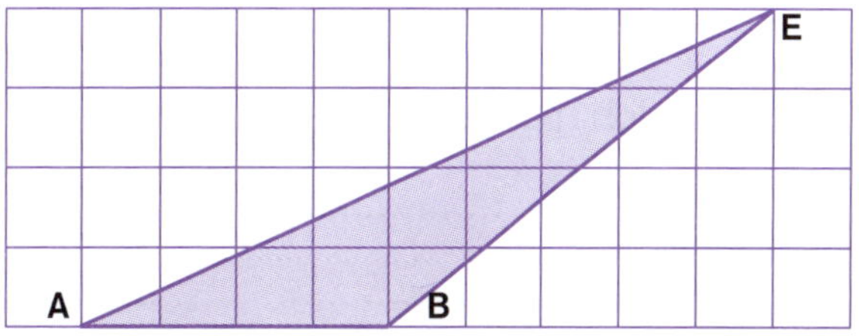

3 | Calculer l'aire

CALCULER

a Dans chacun de ces triangles, trace une hauteur puis, après avoir mesuré les longueurs qui te semblent nécessaires, calcule l'aire du triangle (écris tous tes calculs).

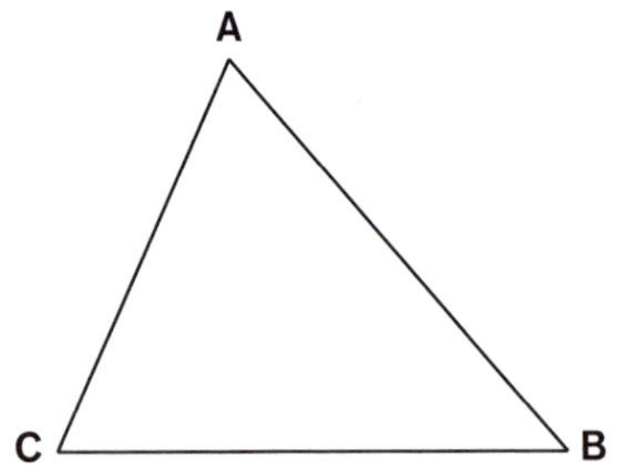

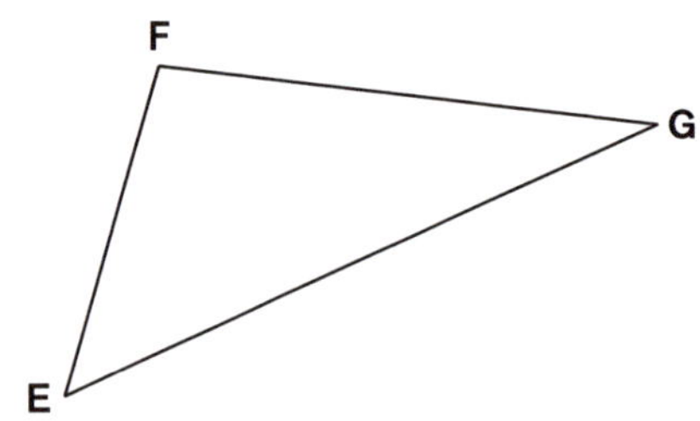

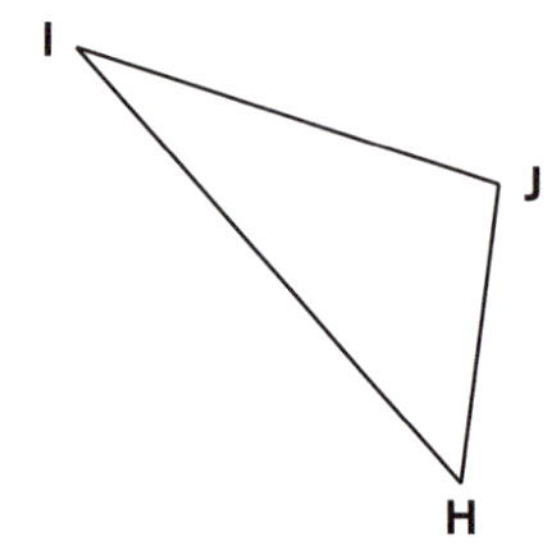

calcul : ....
aire de ABC = ...cm²

calcul : ....
aire de EFG = ... cm²

calcul : ....
aire de HIJ = ... cm²

b Après avoir mesuré les dimensions qui te semblent nécessaires, calcule l'aire du quadrilatère ABCD. (*Il faudra tracer des hauteurs.*)

aire du triangle ABD en cm² :

....

aire du triangle BCD en cm² :

....

aire du quadrilatère ABCD en cm² :

....

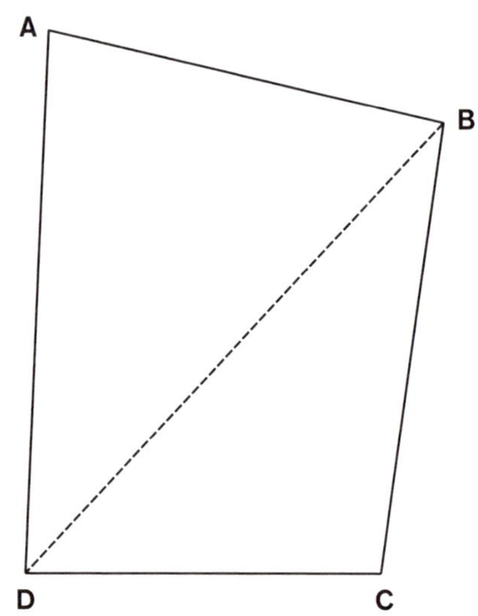

4 | Avec une équation

CALCULER

x désigne une longueur inconnue exprimée en cm.
Calcule l'aire du triangle EFG en cm² :

....

Calcule l'aire du triangle EFG en fonction de x :

....

Écris une équation, puis calcule la valeur de x :

....

....

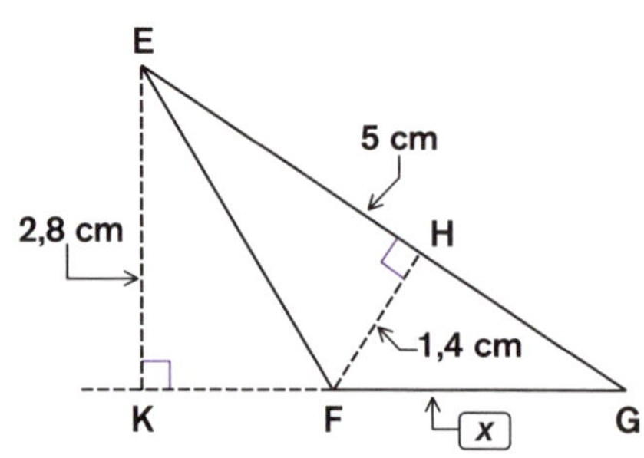

5 | « Nœud papillon »

ANALYSER ET CALCULER

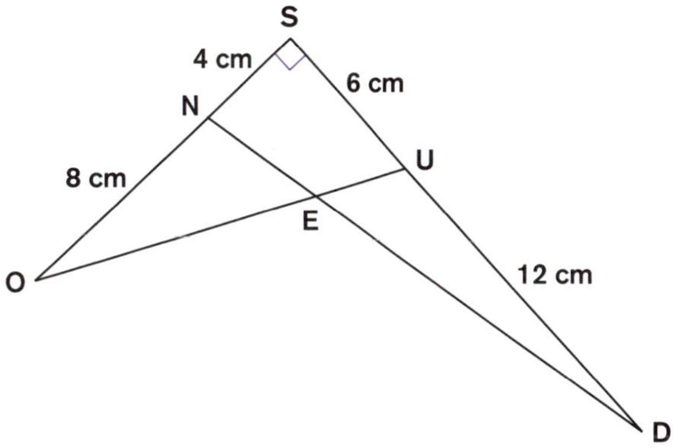

a Calcule l'aire en cm² du triangle SND : ....

b Calcule l'aire en cm² du triangle SOU : ....

c Complète les égalités suivantes avec le nom du triangle qui convient :

aire de SOU = aire de NSUE + aire de .... ; aire de SND = aire de NSUE + aire de ....

d Lequel des triangles NOE et DUE a la plus grande aire ? Justifie ta réponse.

....

....

Pour les petits futés

S'ORGANISER

Quelle **fraction** de l'aire du **rectangle** ABCD de **centre O** représente l'aire du quadrilatère AOMB ?

Explique ta réponse.

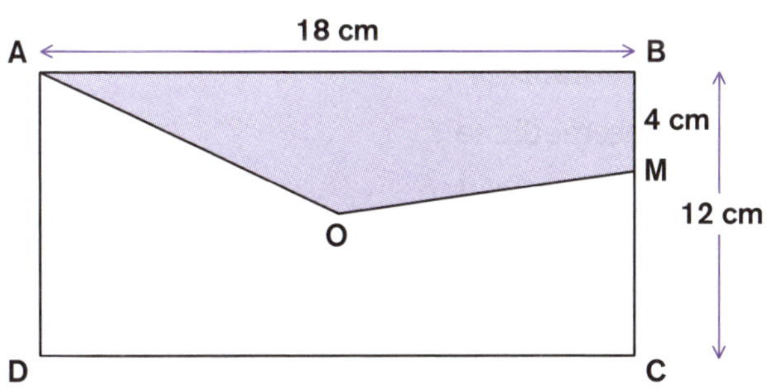

Explications :

....

....

....

....

....

....

....

11 • Triangle : médianes et aires

1 | Médianes et parallélogrammes

OBSERVER ET CONSTRUIRE

a ABCD et OBEC sont des **parallélogrammes**. Complète les phrases suivantes avec le nom de la droite qui convient.

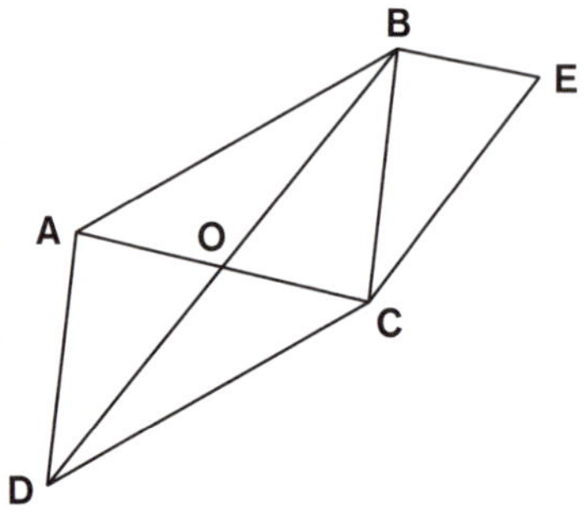

– La médiane issue de **A** dans le triangle **ABD** est la droite ....

– La médiane issue de **B** dans le triangle **ABC** est la droite ....

– La médiane issue de **C** dans le triangle **BCD** est la droite ....

– La médiane issue de **E** dans le triangle **BEC** est la droite ....

– La médiane issue de **B** dans le triangle **OBE** est la droite ....

b

1. Construis le point D tel que ABCD soit un parallélogramme, puis trace **la médiane (d_1) issue de B** dans le triangle ABC.

2. En utilisant **uniquement le quadrillage** et une **règle non graduée**, construis la médiane (d_2) issue de A dans ABC et la médiane (d_3) issue de C dans ABC.

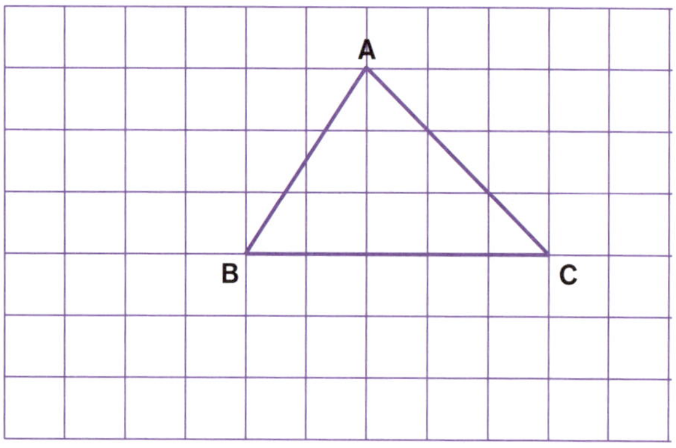

2 | Droites remarquables

OBSERVER

Les droites (d_1), (d_2), (d_3), (d_4), (d_5), (d_6), (d_7), (d_8) et (d_9) sont dans le triangle ABC :
- soit une **hauteur** ;
- soit une **médiane** ;
- soit une **médiatrice**.

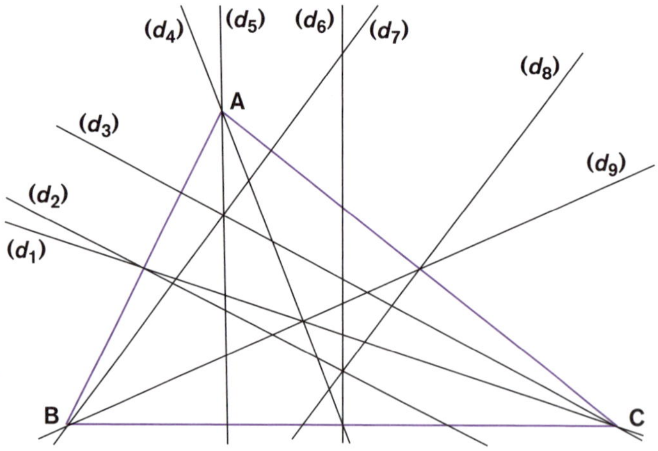

a Complète **avec précision** les phrases suivantes et vérifie avec des instruments de géométrie.
(*Exemple* : (d_1) *est la médiane issue de C.*)

(d_2) est la ....

(d_3) est la ....

(d_4) est la ....

(d_5) est la ....

(d_6) est la ....

(d_7) est la ....

(d_8) est la ....

(d_9) est la ....

b Place le point O, centre du cercle circonscrit au triangle ABC.

3 | Chasse au trésor

CONSTRUIRE

L'oncle Gripsou a enterré son trésor entre trois arbres A, B et C à l'intérieur du triangle FOU.
Voici comment obtenir les points F, O et U :

- F est le point d'intersection de la **médiane** issue de A et de la **bissectrice** de l'angle $\widehat{ABC}$;
- O est le point d'intersection de la **hauteur** issue de C et de la **médiatrice** de [BC] ;
- U est le point d'intersection de la **médiane** issue de C et de la **médiatrice** de [[AC].

Colorie la région où se trouve le trésor.

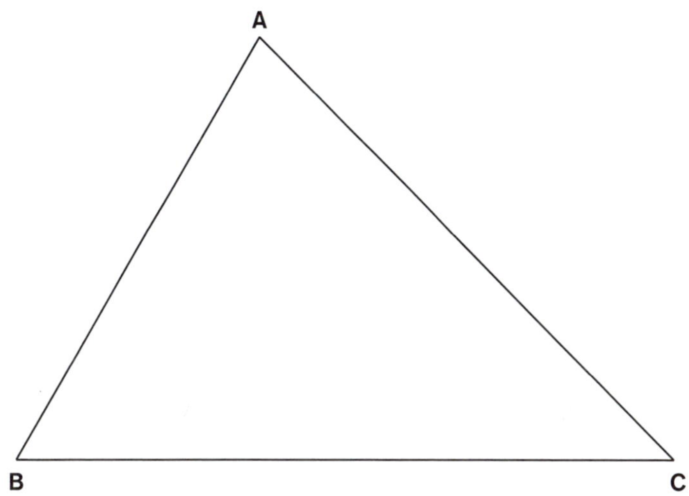

4 | Trouver le point C

ANALYSER ET CONSTRUIRE

D'un triangle ABC il ne reste que les sommets A et B. Retrouve le sommet C, sachant que les droites (d_1) et (d_2) vérifient les conditions indiquées.

a (d_1) est la **hauteur** issue de A ;
(d_2) est la **médiane** issue de A.

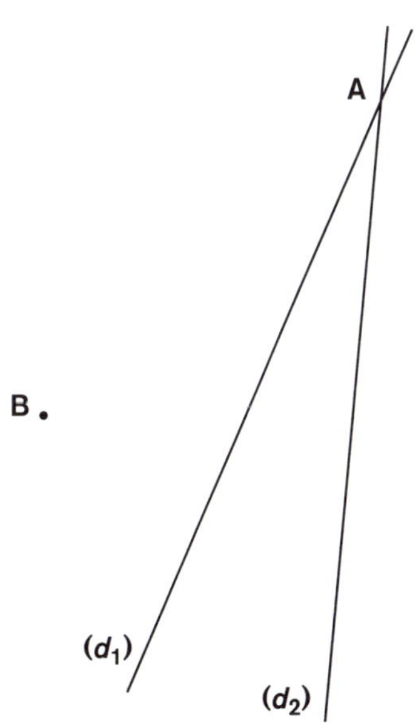

b (d_1) est la **bissectrice** de $\widehat{BAC}$;
(d_2) est la **médiane** issue de B

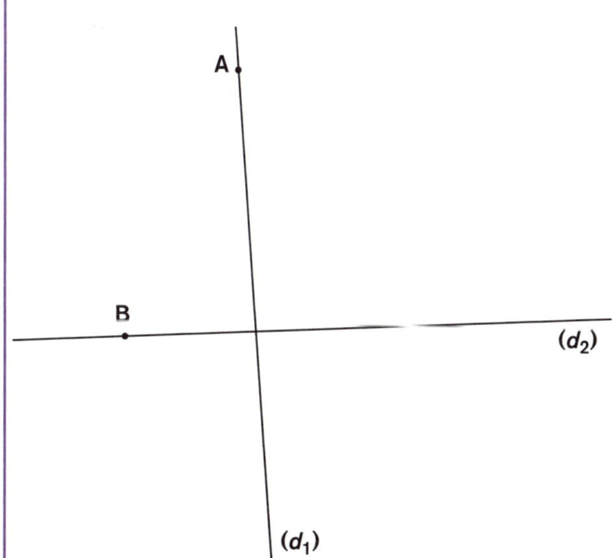

5 | Aire et médiane

OBSERVER ET PROUVER

a Pour voir

En utilisant ce quadrillage, place dans chaque cas le milieu I du segment [BC], puis calcule l'aire en cm² des triangles ABI et ACI.

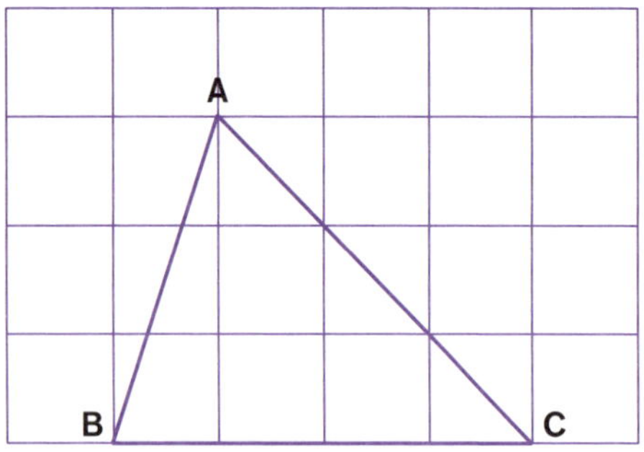

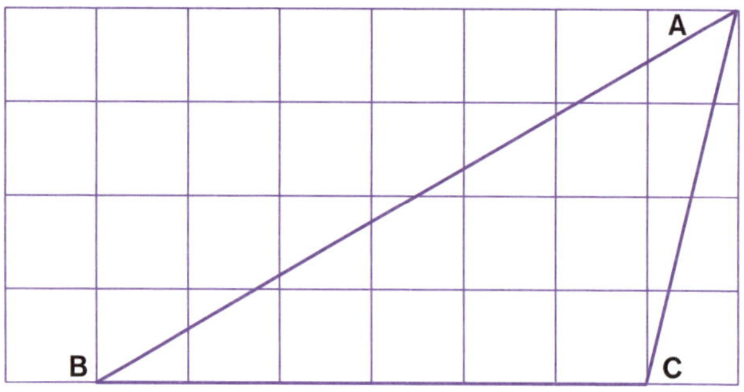

aire ABI = ... cm²　　　　aire ACI = ... cm²

aire ABI = ... cm²　　　　aire ACI = ... cm²

Que constates-tu ? ....

b Pour être certain

Dans le triangle ABC, la droite (AI) est la **médiane** issue de A et la droite (AH) est la **hauteur** issue de A.

1. Exprime, en fonction de BI et AH, l'aire du triangle ABI.

Aire de ABI = ...

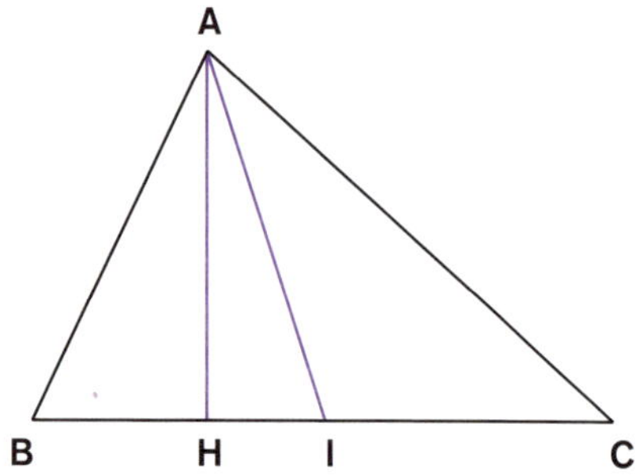

2. Exprime, en fonction de CI et AH, l'aire du triangle ACI.

Aire de ACI = ...

3. Complète la phrase suivante :

(AI) est la médiane issue de A dans le triangle ABC,

dont I est .... du segment [BC],

donc BI = ...

4. Que peux-tu en déduire pour l'aire des triangles ABI et ACI ?
Explique ta réponse.

....

....

5. Complète la phrase suivante :

Une médiane partage un triangle en deux triangles ....

6 | Même aire ?

RAISONNER

ABCD est un **parallélogramme**.
Ses diagonales le partagent en quatre triangles :
AOB noté ①; BOC noté ②;
COD noté ③; DOA noté ④.

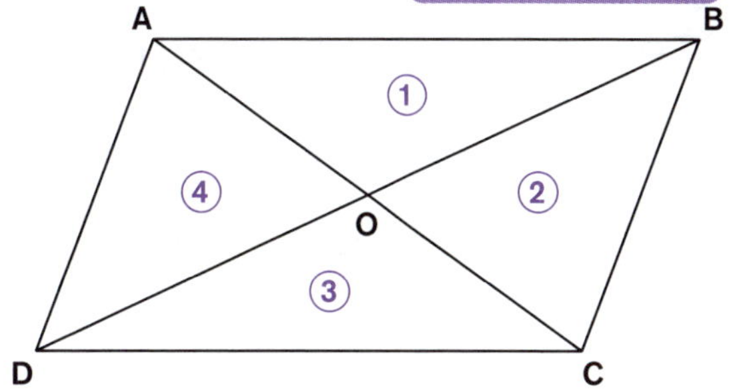

a Que représente la droite (BO) dans le triangle ABC ? **Justifie** ta réponse.

....

....

b Les triangles ① et ② ont-ils la même aire ? **Justifie** ta réponse.

....

....

c Les triangles ② et ③ ont-ils la même aire ? **Justifie** ta réponse.

....

....

d On montrerait de même que les triangles ③ et ④ ont la même aire.
Complète avec le nom du triangle qui convient :

aire de ABC = **aire** de .... = **aire** de .... = **aire** de ....

Pour les petits futés

IMAGINER

À partir du triangle ABC, on a construit le triangle A'B'C'.
L'aire du triangle ABC est de 3 cm². Quelle est l'aire du triangle A'B'C' ?
(Tu pourras utiliser la propriété de l'activité 5.)

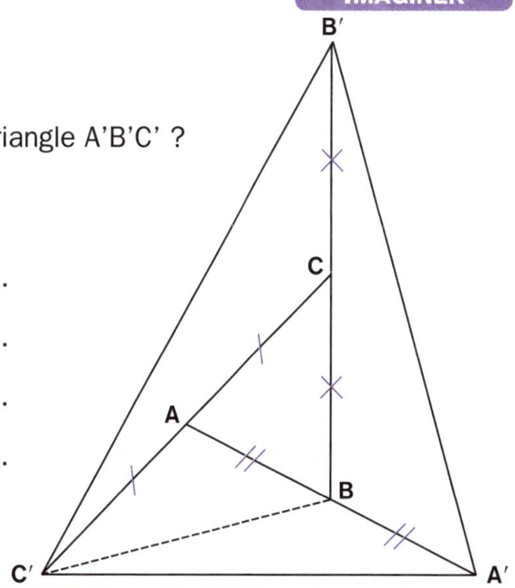

Explications ....

....

....

....

1 | Aire d'un parallélogramme

Observer et Calculer

a En utilisant le quadrillage, calcule l'aire en cm² de chacun de ces **parallélogrammes**.

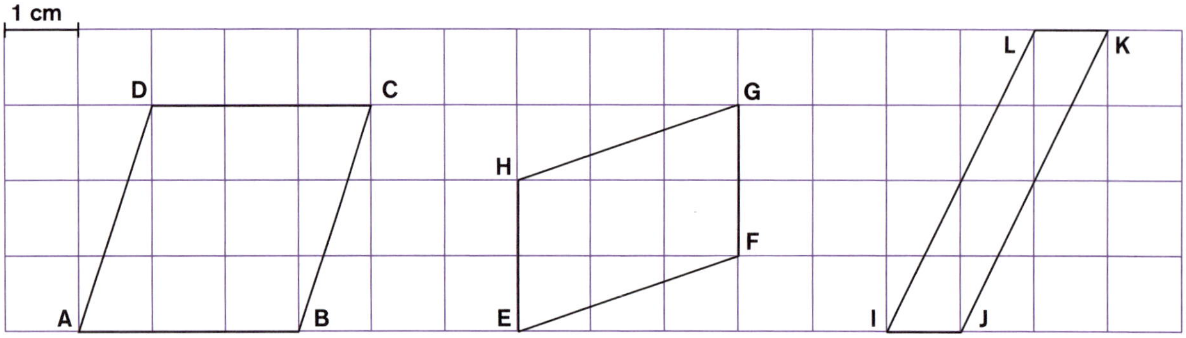

aire de ABCD = ... cm²   aire de EFGH = ... cm²   aire de IJKL = ... cm²

b Après avoir tracé une hauteur et mesuré les dimensions qui te semblent nécessaires, calcule l'aire en cm² de ces **parallélogrammes**.

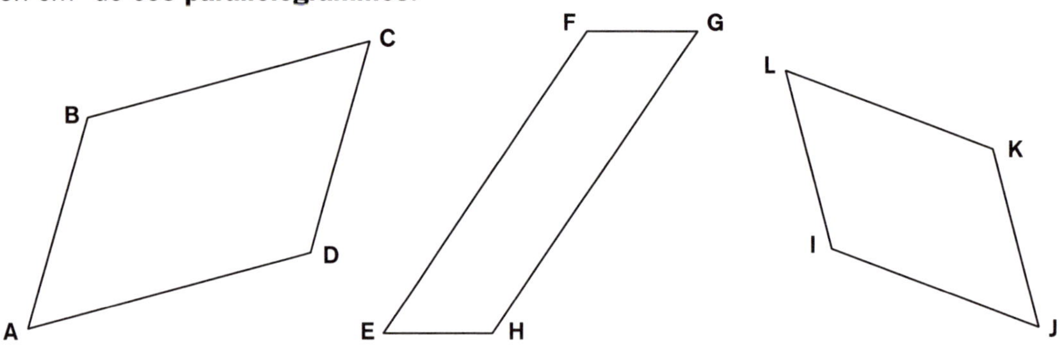

calcul : ....   calcul : ....   calcul : ....

aire de ABCD = ... cm²   aire de EFGH = ... cm²   aire de IJKL = ... cm²

c Les droites (d_1) et (d_2) sont **parallèles**, les droites (d_3) et (d_4) sont **parallèles**.
Les droites (d_5) et (d_6) sont **parallèles**, les droites (d_7) et (d_8) sont **parallèles**.

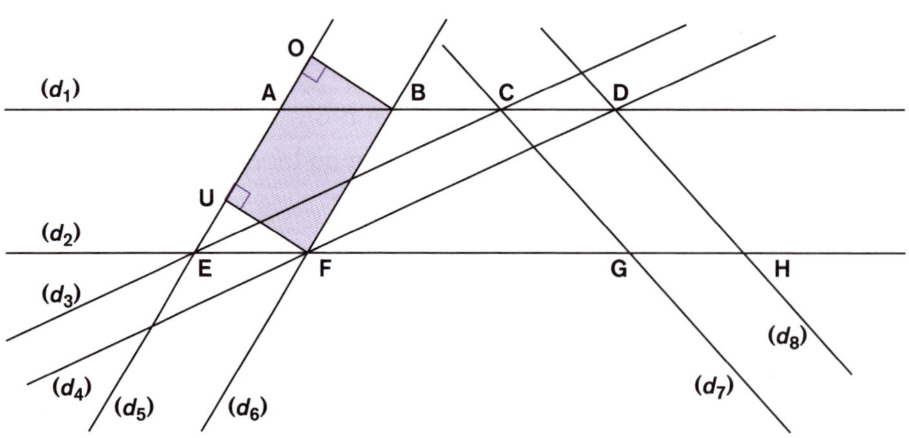

Cite tous les **parallélogrammes** ayant la même aire que le **rectangle** BOUF.

....

2 | Aire et périmètre

Calculer et Construire

a Après avoir mesuré les longueurs qui te semblent nécessaires, calcule le **périmètre** et **l'aire** de ces parallélogrammes.

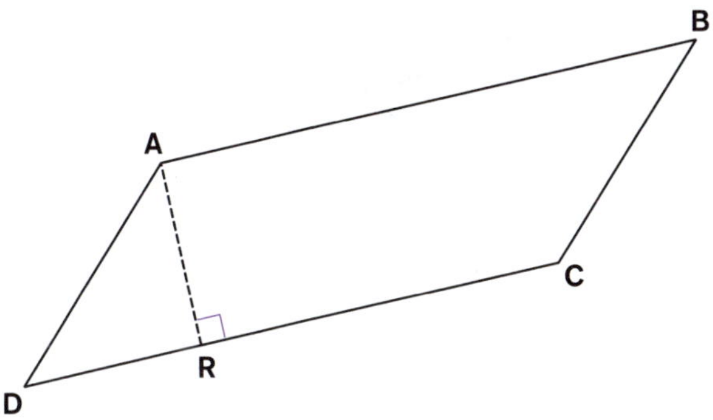

périmètre de ABCD = ... cm

aire de ABCD = ... cm²

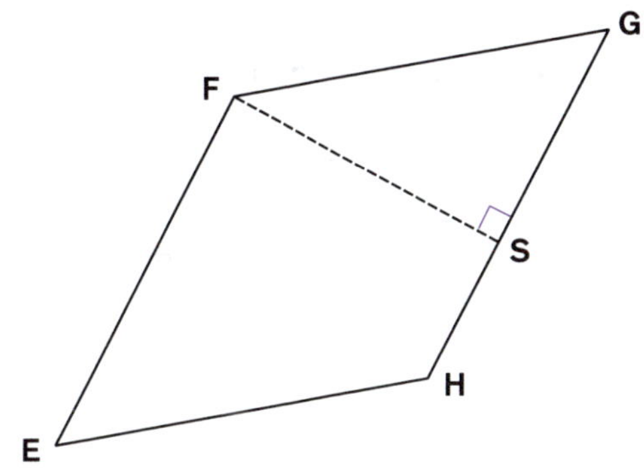

périmètre de EFGH = ... cm

aire de EFGH = ... cm²

périmètre de IJKL = ... cm

aire de IJKL = ... cm²

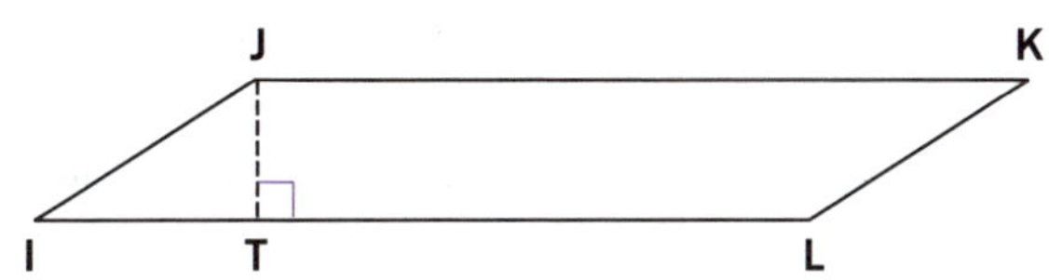

b Les phrases suivantes sont-elles vraies ou fausses ? (Entoure la bonne réponse).

Si deux parallélogrammes ont le même périmètre, alors ils ont la même aire : vrai / faux

Si deux parallélogrammes ont la même aire, alors ils ont le même périmètre : vrai / faux

3 | Avec une équation

Calculer

x désigne une longueur inconnue exprimée en cm.

Calcule dans chaque cas le nombre de x.

(Vérifie ton résultat sur le dessin.)

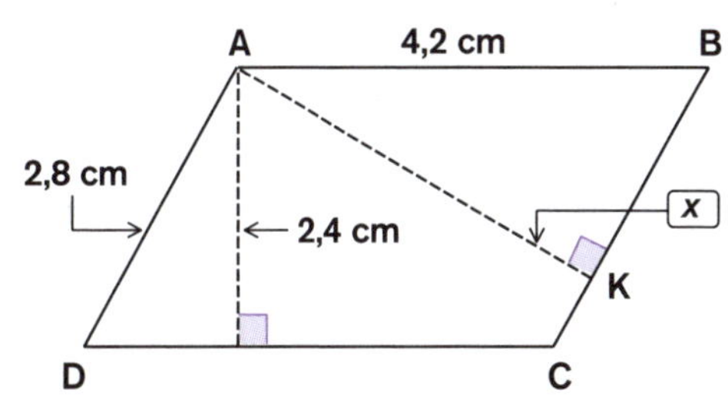

Calcule l'aire du parallélogramme ABCD en cm².

....

Exprime l'aire du parallélogramme ABCD en fonction de x.

....

Écris une équation, puis calcule x.

....

4 | Avec des disques

CALCULER

Ces six disques dans le rectangle ABCD ont un rayon de 3 cm.
On veut calculer l'aire mauve.

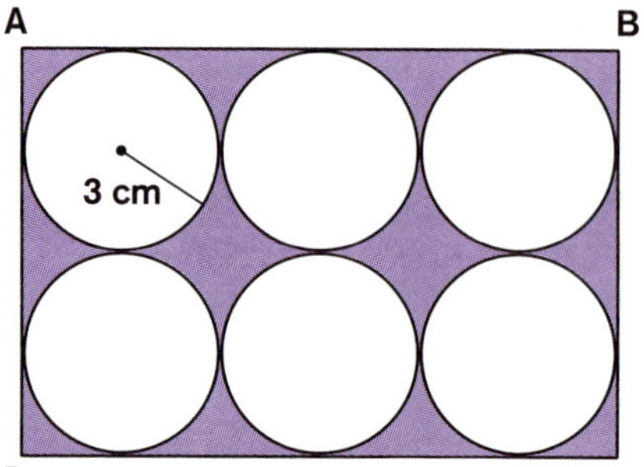

a Quelles sont les dimensions du rectangle ABCD ?

AB = ... cm et AD = ... cm.

b Calcule l'aire en cm^2 du rectangle ABCD.

....

c Calcule l'aire en cm^2 d'un disque ($\pi \approx 3{,}14$). ....

d Calcule l'aire mauve en cm. ....

5 | Aire d'un secteur circulaire

CALCULER

Voici quatre secteurs circulaires d'un disque dont l'aire est de 6 cm^2. Calcule leurs aires.

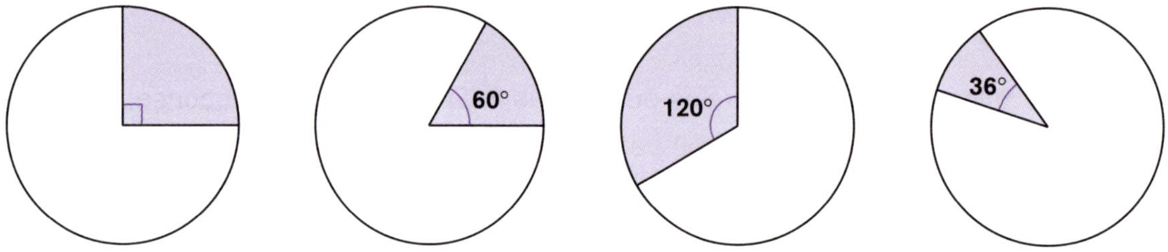

aire : .... aire : .... aire : .... aire : ....

6 | En fonction de π

CONSTRUIRE ET CALCULER

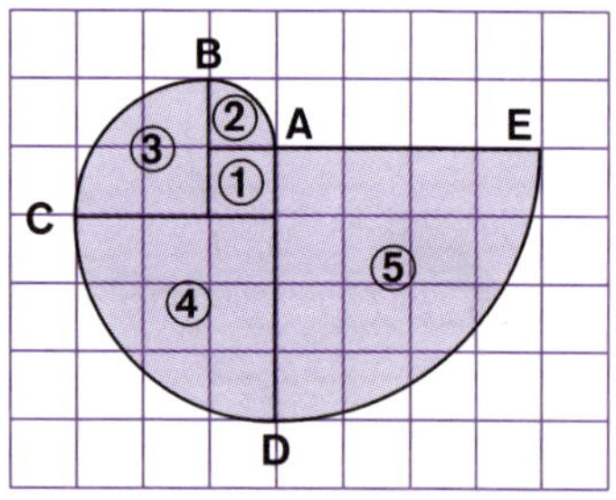

a Observe cette figure et reproduis-la dans le quadrillage ci-dessous (unité d'un carreau : 1 cm).

b On veut exprimer en fonction de π l'aire en cm^2 de la figure mauve.

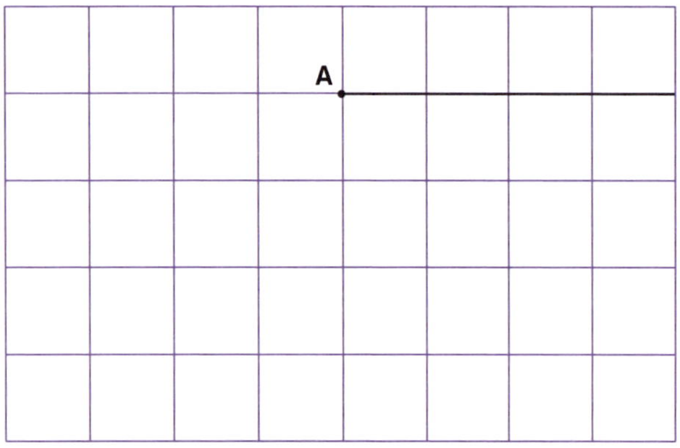

– Donne l'aire ① : ....

– Exprime en fonction de π :

l'aire ② : .... ; l'aire ③ : .... ;

l'aire ④ : .... ; l'aire ⑤ : .... ;

l'aire de la figure mauve : ....

....

....

7 | Disque et triangle

CONSTRUIRE ET CALCULER

a Reproduire la figure ci-dessous à partir du triangle ABC.

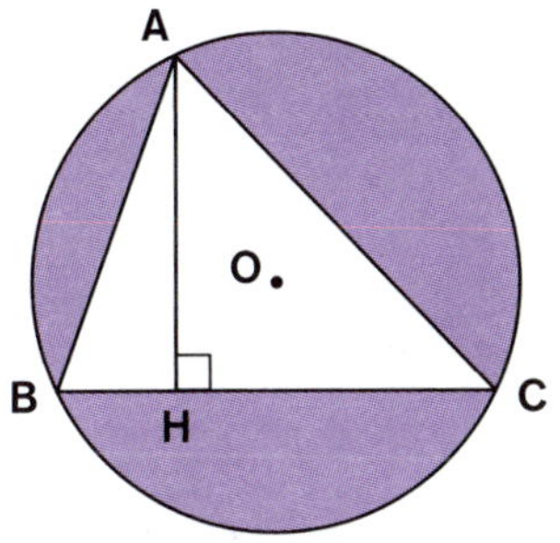

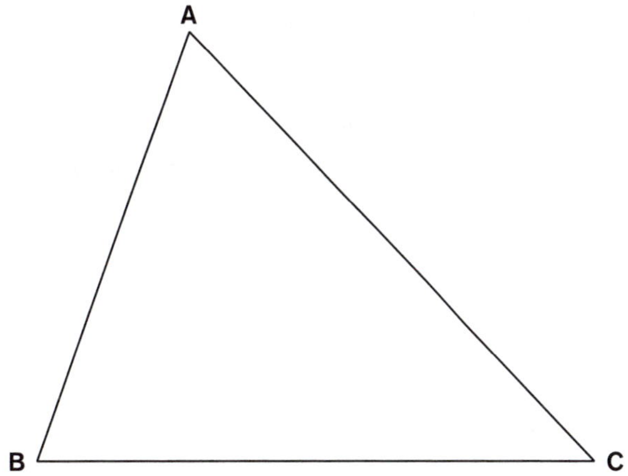

b Complète les égalités suivantes avec les mesures prises sur ta figure :

AB = ... cm ; AC = ... cm ; BC = ... cm ; AH = ... cm ; OC = ... cm.

c Calcule l'aire en cm² du **triangle** ABC : ....

d Calcule l'aire en cm² du **disque** de centre O passant par C : ....

e Déduis-en l'**aire mauve** en cm² : ....

Pour les petits futés

IMAGINER

ABCD est un carré de 2 cm de côté. Exprime **en fonction du nombre** π l'aire en cm² de « l'œil ». **Explique** ta réponse.

(*Le dessin a été agrandi.*)

Explications :

....

....

....

....

....

....

....

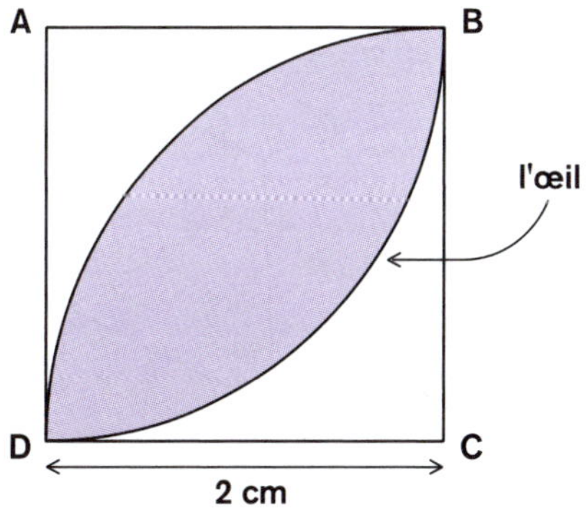

13 • Prismes droits

1 | Reconnaître

Observer et Calculer

a Parmi ces solides, trois ne sont pas des prismes droits. **Barre-les**.

b Quand le solide est un prisme droit :
- **colorie** en rouge une base et en vert une face latérale ;
- **indique** le nombre **N** de ses arêtes ;
- **calcule** la somme **S** de la longueur de ses arêtes.

①

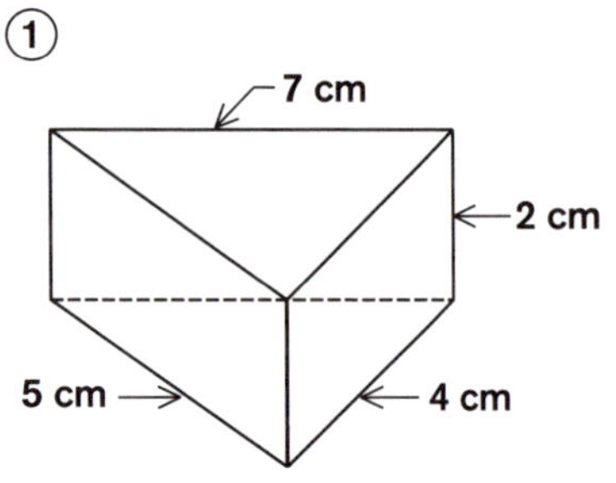

N = ...

S = ... cm

②

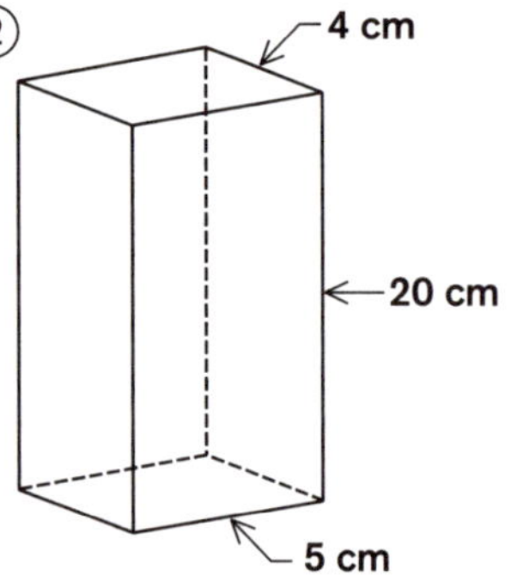

N = ...

S = ... cm

③

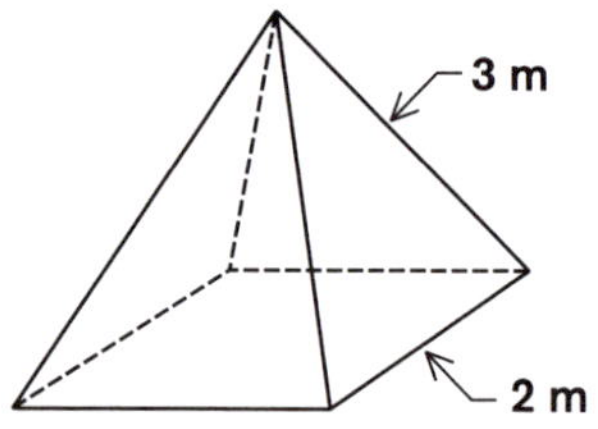

N = ...

S = ... cm

④

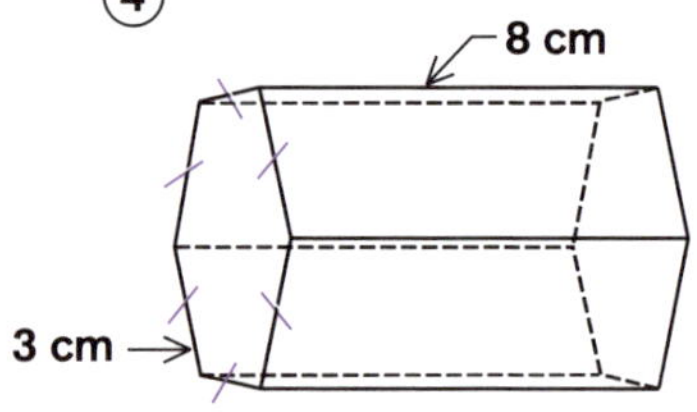

N = ...

S = ... cm

⑤

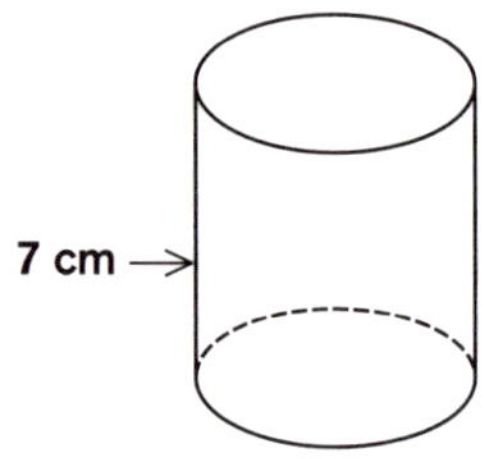

N = ...

S = ... cm

⑥

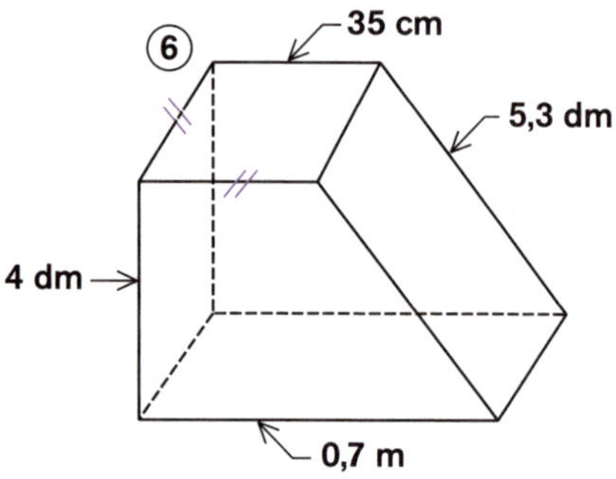

N = ...

S = ... cm

⑦

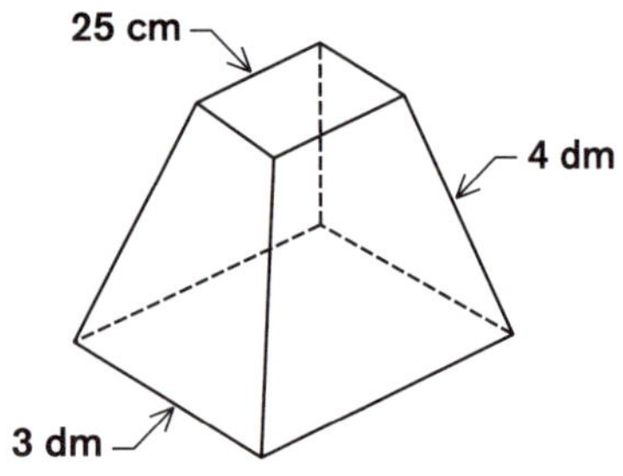

N = ...

S = ... cm

⑧

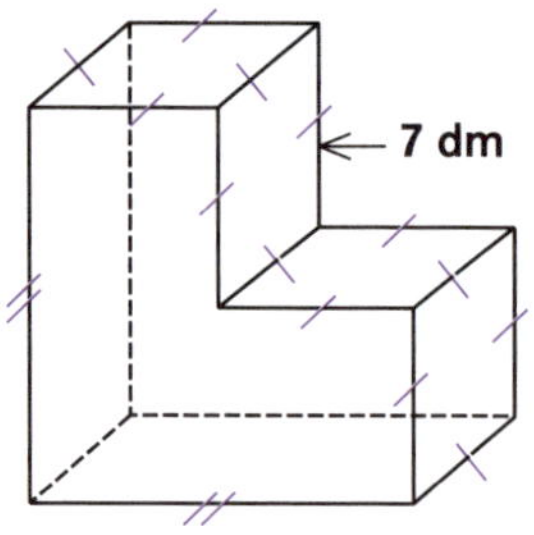

N = ...

S = ... cm

⑨

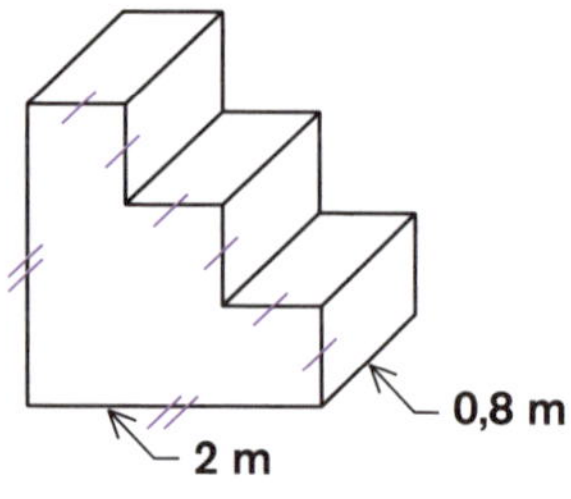

N = ...

S = ... cm

2 | Prismes en perspective

OBSERVER ET CONSTRUIRE

a Trace en **pointillés et en couleur** les arêtes cachées de ces prismes droits.

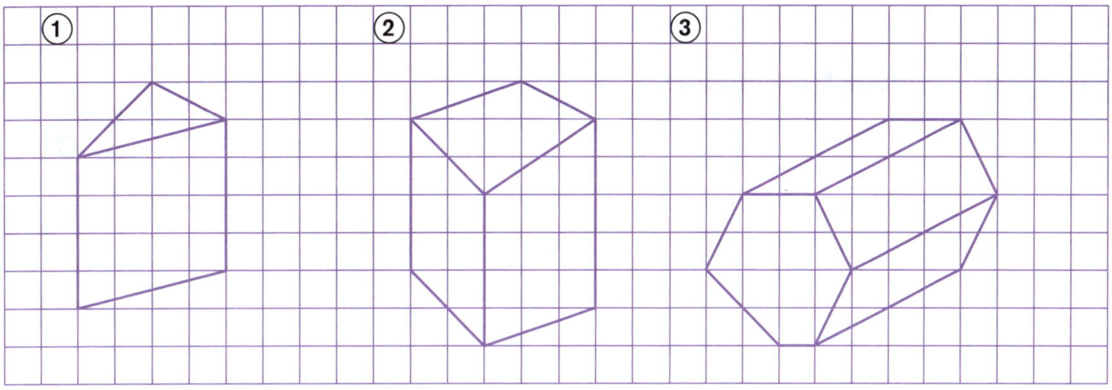

b Termine les dessins en perspective de ces prismes droits sachant que les **segments en couleur sont des arêtes d'une base**. Trace en pointillés les arêtes cachées.

– Les bases des prismes sont des **triangles**.

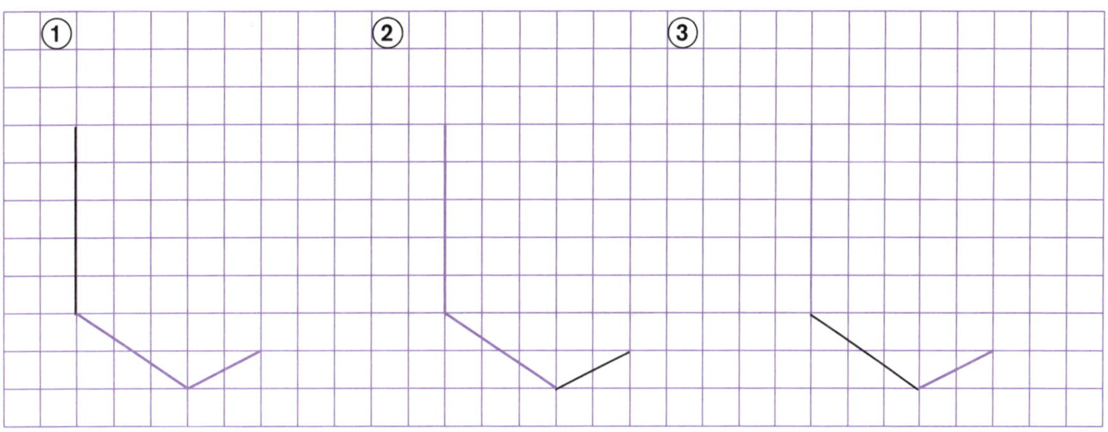

– Les bases des prismes sont des **quadrilatères**.

④

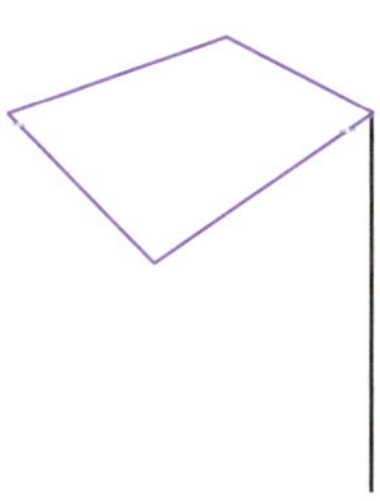

⑤

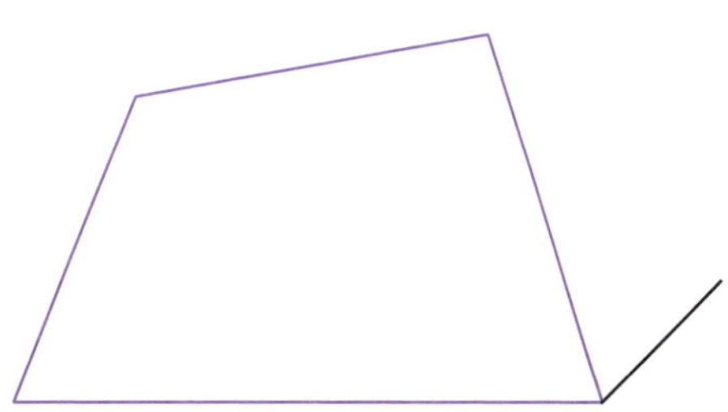

3 | Patrons d'un prisme

ANALYSER ET CONSTRUIRE

Termine les patrons de ces prismes droits.
Construis la base manquante sur l'arête mauve.

a Prismes droits à **bases triangulaires.**

①

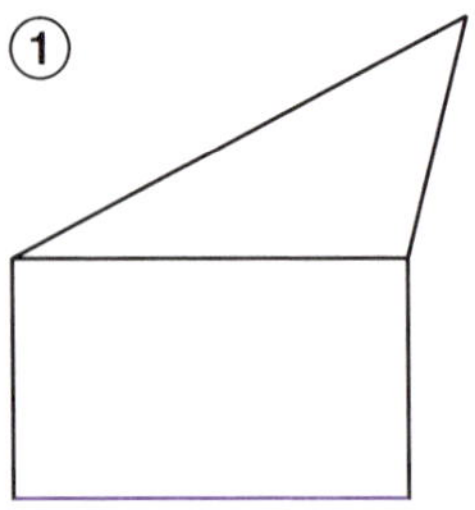

②

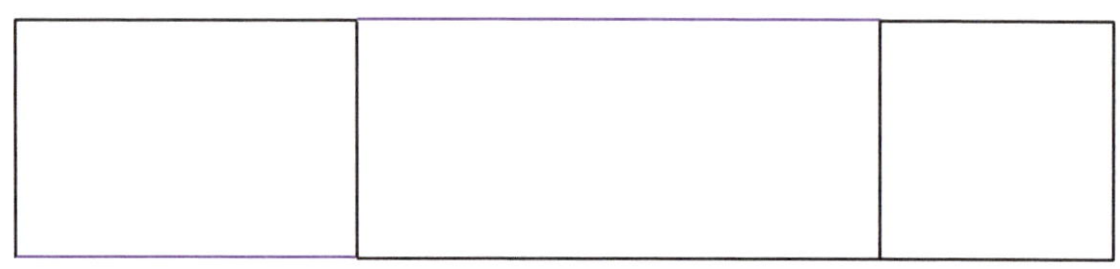

b Prisme droit dont les bases sont des **parallélogrammes**.

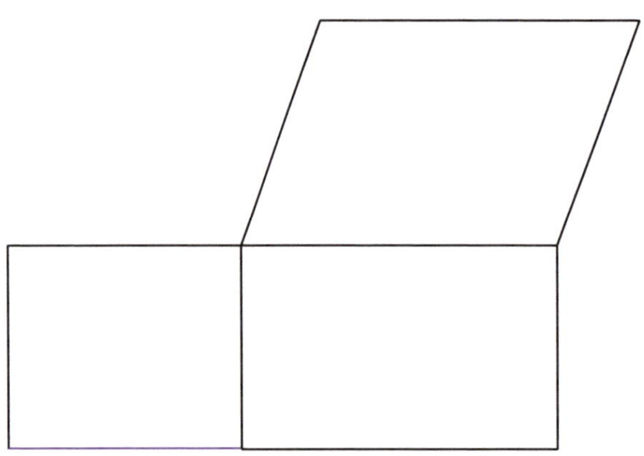

4 | Sur un patron

IMAGINER ET CONSTRUIRE

Sur trois des faces de ce parallélépipède, on a tracé un segment en couleur.

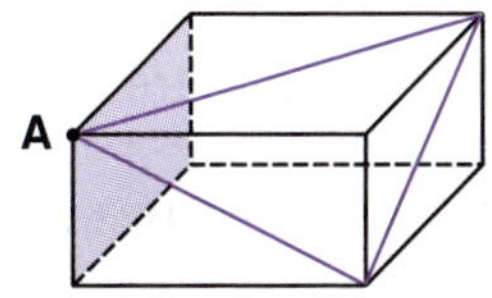

Reporte ces segments sur chaque patron de ce parallélépipède.

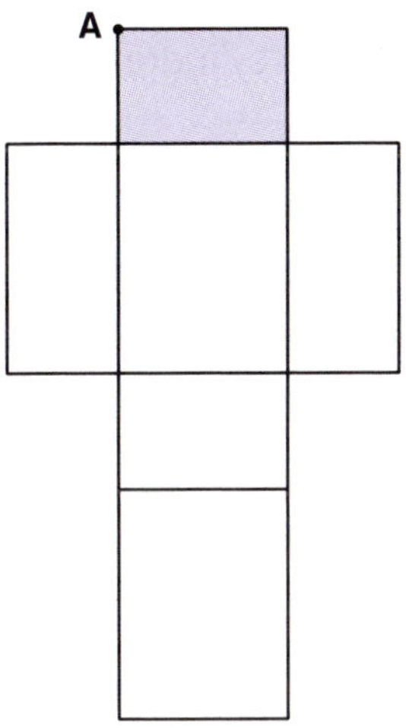

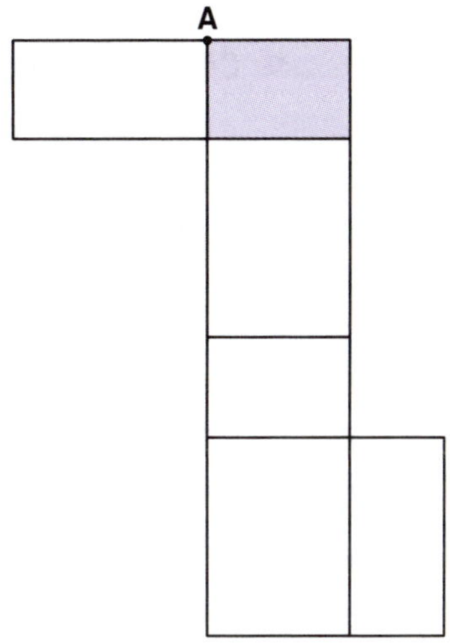

Pour les petits futés

IMAGINER ET CONSTRUIRE

Termine la construction **dans le cadre** d'un patron de ce prisme droit.

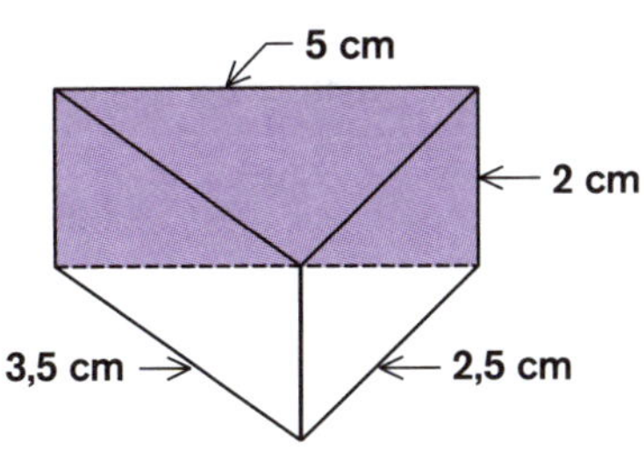

14 • Cylindres et volumes

1 | Patron d'un cylindre ?

OBSERVER

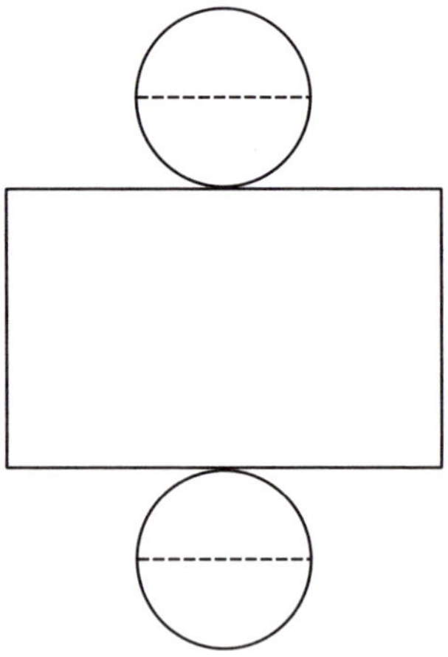

a **Mesure** sur ce dessin les dimensions du rectangle et le diamètre des cercles.

longueur : .... cm ; largeur : .... cm ;

diamètre : .... cm.

b Cette figure est-elle le patron d'un cylindre ? Pourquoi ?

....

....

....

2 | Un rectangle pour deux cylindres

OBSERVER ET CALCULER

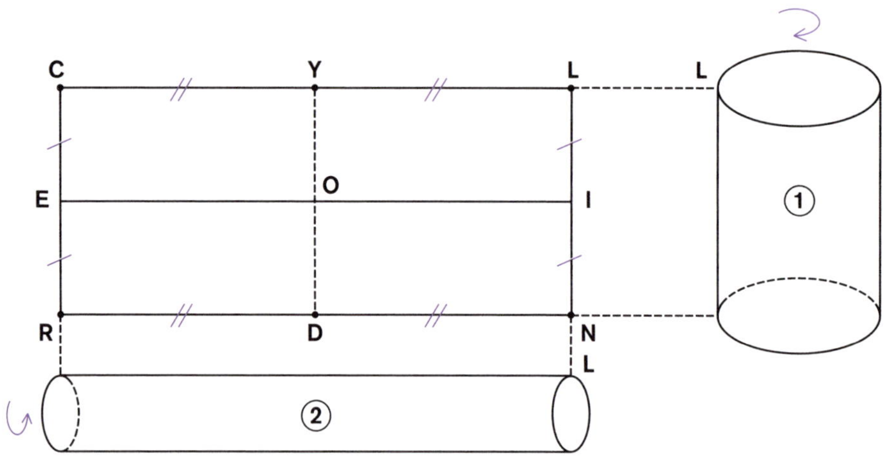

a À partir du rectangle CLNR, on peut obtenir la surface latérale de deux cylindres ① et ②.
Sur chacun des cylindres, **place** les points C, Y, L, I, N, D, R, E et O.

b La longueur du rectangle est **50 cm** et sa largeur **22 cm**.
Complète le tableau suivant.

	rayon des disques en cm	aire d'un disque en cm²	aire latérale en cm²	volume du cylindre en cm³
cylindre ①				
cylindre ②				

3 | Ça déborde ?

Analyser et Calculer

Peut-on mettre ces deux cubes de glace dans le verre cylindrique sans que son contenu déborde ?

Explique ta réponse.

4 | Ça passe ?

Analyser et Calculer

Peux-tu ranger cette boîte de conserve, sans la coucher, sur cette étagère ?

Explique ta réponse.

5 | Ça recouvre

Analyser et Calculer

Cette casserole a une capacité de 2 L. Le couvercle de 8,2 cm de rayon peut-il la recouvrir ?

Explique ta réponse.

6 | Volume d'un prisme

MESURER ET CALCULER

Voici **une partie** d'un patron d'un prisme droit à **base triangulaire**.

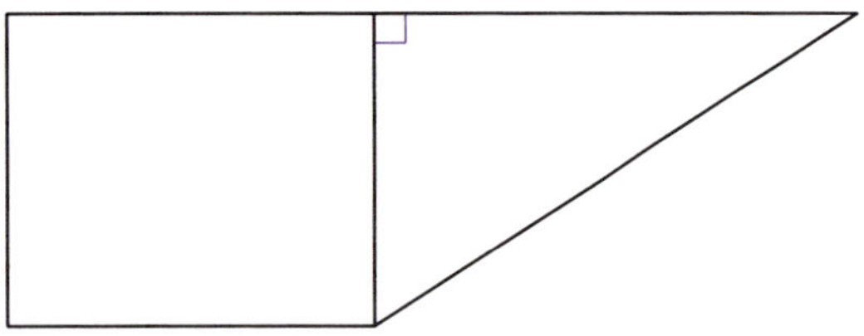

Après avoir mesuré les longueurs qui te semblent nécessaires, calcule le **volume** de ce prisme.

....

....

....

....

7 | Chauffage

CALCULER

Chacun des radiateurs placés dans cette pièce peut chauffer 30 m³.

Ces deux radiateurs sont-ils suffisants pour chauffer ce séjour ?

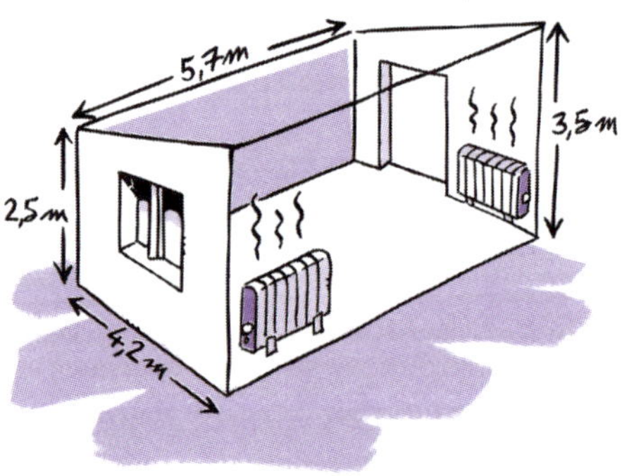

....

....

....

....

....

....

....

8 | Aire de la base

ANALYSER ET CALCULER

Ce morceau de fer est un prisme droit ayant une épaisseur de 2 cm.

Quand on le plonge dans ce bocal, le niveau monte de 1 mm.

Quelle est l'aire de la base de ce prisme ?

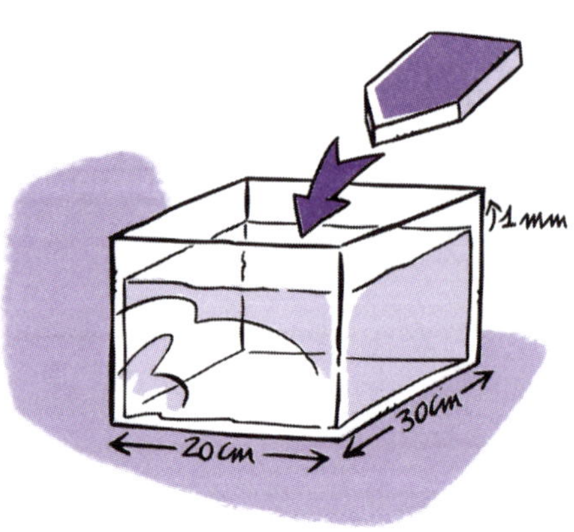

....

....

....

....

....

....

9 | Avec une équation

CALCULER

Toutes les dimensions de ces **prismes droits** sont en **cm**.
La lettre x représente une dimension.

a

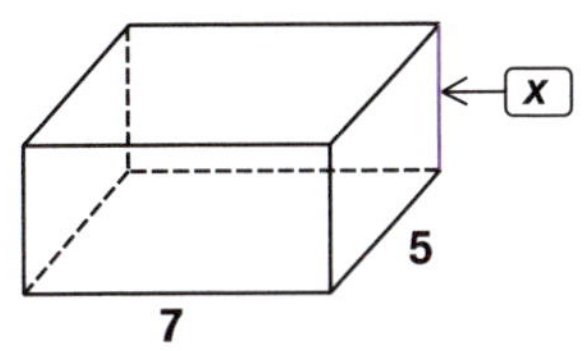

Exprime le volume en fonction de x :

V = ...

Calcule x pour que ce volume soit égal à 105 cm³.

....

....

b

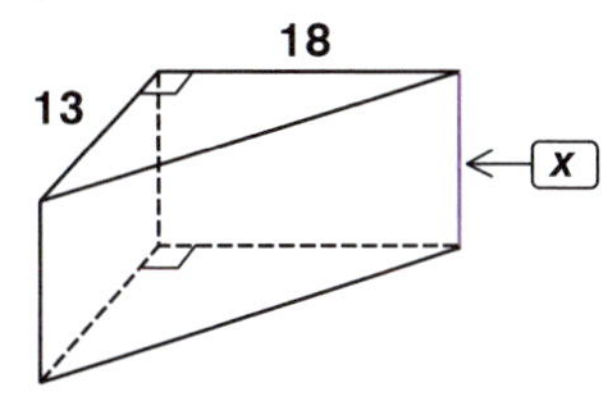

Exprime le volume en fonction de x :

V = ...

Calcule x pour que ce volume soit égal à 1 053 cm³.

....

....

c

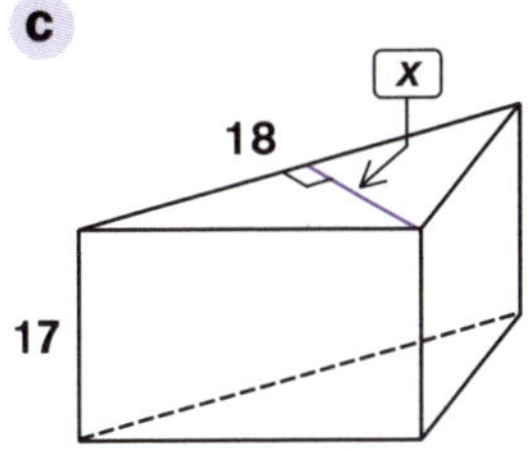

Exprime le volume en fonction de x :

V = ...

Calcule x pour que ce volume soit égal à 1 071 cm³.

....

....

d

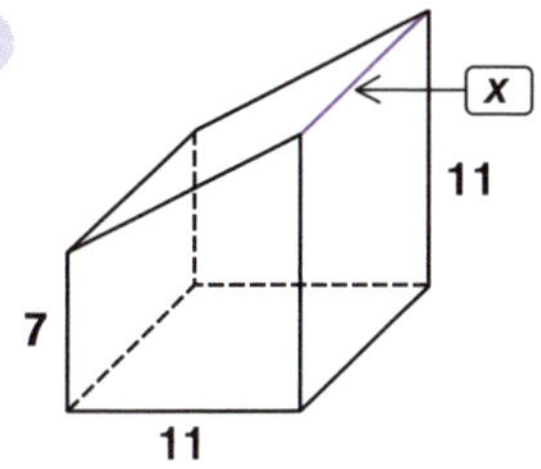

Exprime le volume en fonction de x :

V = ...

Calcule x pour que ce volume soit égal à 792 cm³.

....

....

Pour les petits futés

IMAGINER

Voici un tube en PVC (sorte de plastique) d'**épaisseur 3 mm** et de **diamètre intérieur 2,5 cm.**
Peut-on réaliser ce tube avec **1 dm³** de PVC ?

(*On prendra* $\pi \approx 3{,}1416$.)

Explications :

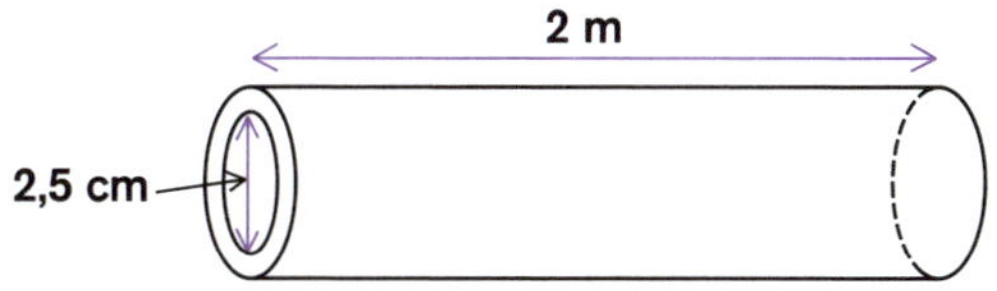

....

....

....

....

....

....

1 | La France

Mesurer et Calculer

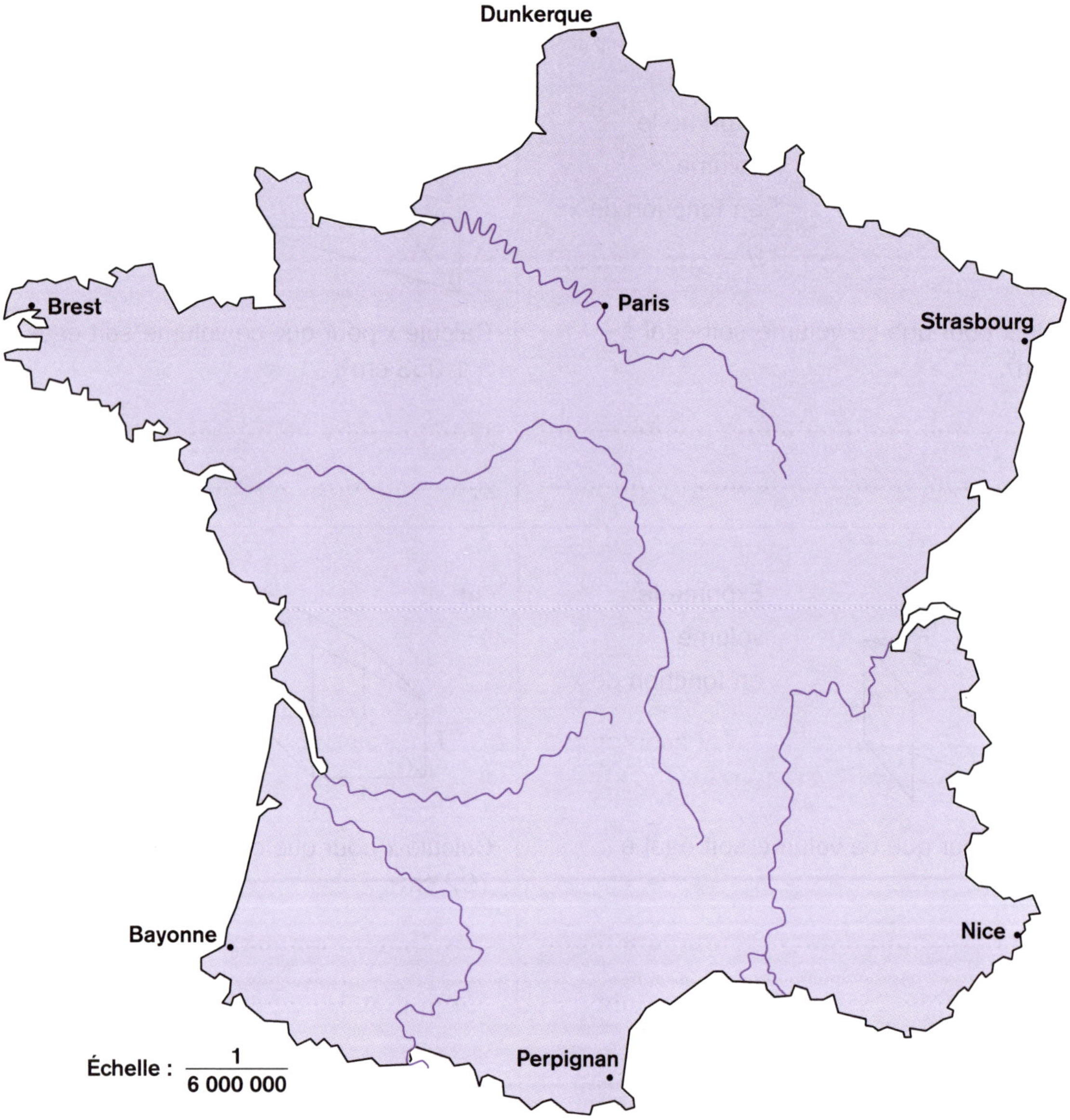

a Complète le tableau suivant en indiquant la **distance à vol d'oiseau** entre Paris et la ville citée.

	Dunkerque	Strasbourg	Nice	Perpignan	Bayonne	Brest
distance sur le dessin **en cm**						
distance réelle **en km**						

b **Place** les villes suivantes :

Dijon, alignée avec Dunkerque et Nice, est à 240 km de Paris.

Besançon est à 180 km de Strasbourg et 390 km de Nice.

Nantes est à 330 km de Paris et 240 km de Brest.

Marseille est alignée avec Perpignan et Nice.

c **Place** la ville de **Bourges** sachant qu'elle est à la même distance de Bayonne, Perpignan et Marseille.

Quelle est cette distance commune ? .... km.

2 | Cartes routières

CALCULER

Sur une carte routière,
on peut lire les informations suivantes :
- l'échelle ;
- la distance représentée par 1 cm ;
- la distance représentée par un segment.

a Complète ces informations données sur une carte **régionale**, une carte de la **France** et une carte de l'**Europe**.

Carte régionale	**Carte de la France**	**Carte de l'Europe**
Échelle :	Échelle :	Échelle : 1/3 000 000
1 cm pour 2 km	1 cm pour .... km	1 cm pour .... km
0 .... km	0 40 km	0 .... km

b Voici trois villes de France : Blois, Vierzon et Orléans. On désigne chacune de ces villes par leur initiale. Complète le tableau suivant avec les nombres qui conviennent.

	distance réelle	distance sur une carte à l'échelle 1/200 000	distance sur une carte à l'échelle 1/1 000 000	distance sur une carte à l'échelle 1/3 000 000
BO	57 km			
VB			7,8 cm	
VO				2,2 cm

3 | La chambre de Julie

CALCULER ET CONSTRUIRE

Voici un schéma de la chambre de Julie. Dans le cadre en bas à droite, on a commencé à faire le dessin à l'échelle de cette pièce.

a Quelle échelle a-t-on choisie ?

....

b Complète ce tableau, puis termine le dessin.

....

	AB	BC	CD	DA	AC
dimension dans la **réalité** en cm					
dimension sur le **dessin** en cm					

c Trace la hauteur (BH) issue de B dans le triangle ABC (H sur [AC]).
Trace la hauteur (DK) issue de D dans le triangle ACD (K sur [AC]).

d Calcule, **sur le dessin**, les aires des triangles ABC, ADC et du quadrilatère ABCD.aire de ABC (en cm²) :

....

aire de ADC (en cm²) :

....

aire de ABCD (en cm²) :

....

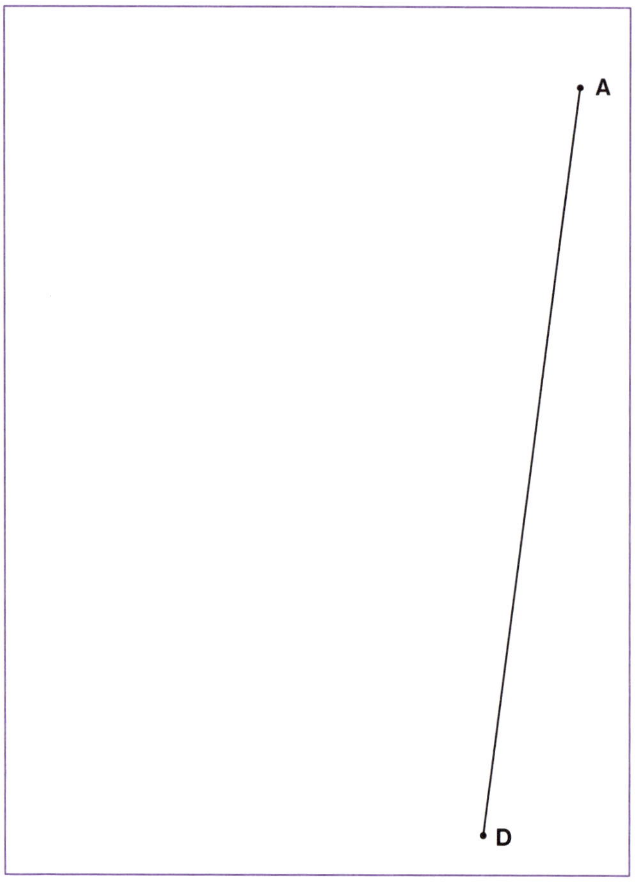

e Calcule l'aire de la chambre de Julie.

....

....

....

....

....

....

À savoir pour la classe de... 4^e

Angles

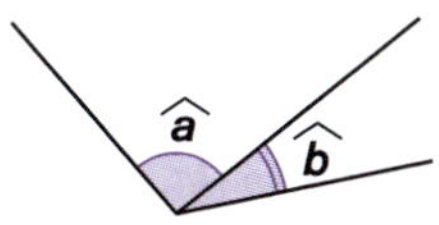

Les angles $\widehat{a}$ et $\widehat{b}$ sont **adjacents.**

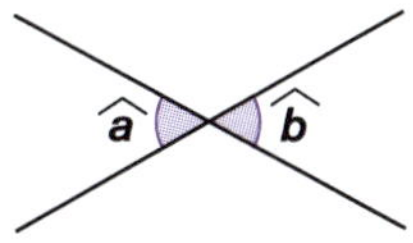

Les angles $\widehat{a}$ et $\widehat{b}$ sont **opposés par le sommet**.

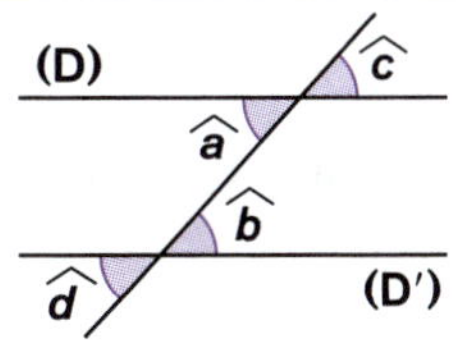

Les angles $\widehat{a}$ et $\widehat{b}$ sont **alternes-internes** et $\widehat{a} = \widehat{b}$.

Les angles $\widehat{c}$ et $\widehat{d}$ sont **alternes-externes** et $\widehat{c} = \widehat{d}$.

Les angles $\widehat{b}$ et $\widehat{c}$ sont **correspondants** et $\widehat{b} = \widehat{c}$.

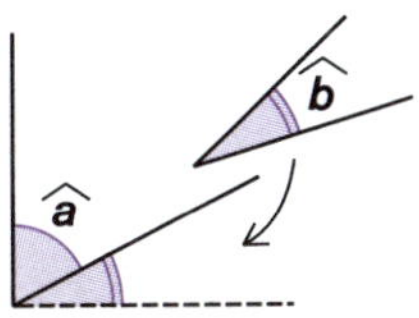

Les angles $\widehat{a}$ et $\widehat{b}$ sont **complémentaires** : leur somme est égale à l'angle **droit**.

$\widehat{a} + \widehat{b} = 90°$

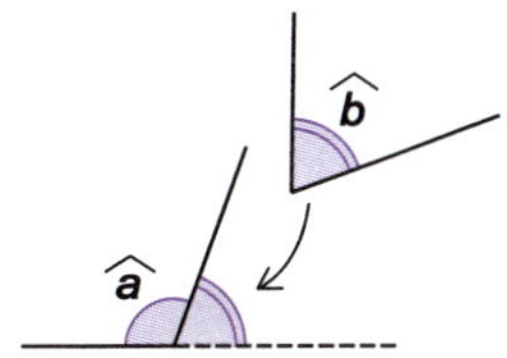

Les angles $\widehat{a}$ et $\widehat{b}$ sont **supplémentaires** : leur somme est égale à l'angle **plat**.

$\widehat{a} + \widehat{b} = 180°$

Triangles

Triangle

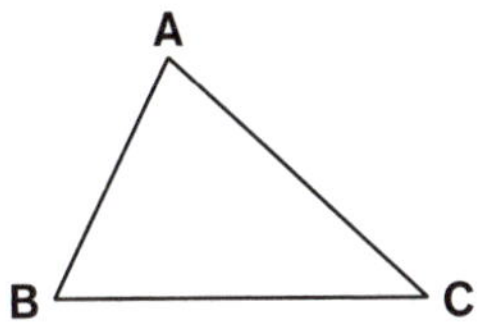

La somme des mesures des angles est égale à 180°.

$\widehat{A} + \widehat{B} + \widehat{C} = 180°$

Triangle isocèle

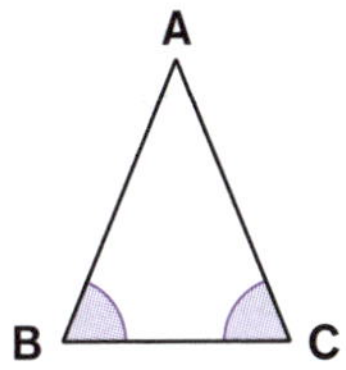

Les angles à la base ont la même mesure.

$\widehat{B} = \widehat{C}$

Triangle équilatéral

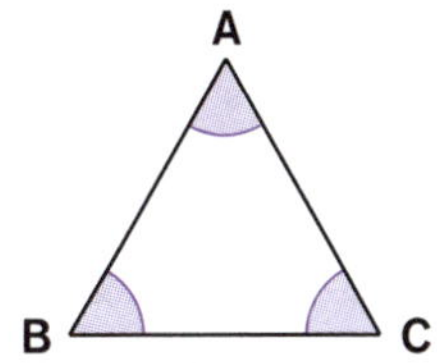

Les trois angles ont pour mesure 60°.

$\widehat{A} = \widehat{B} = \widehat{C} = 60°$

Triangle rectangle

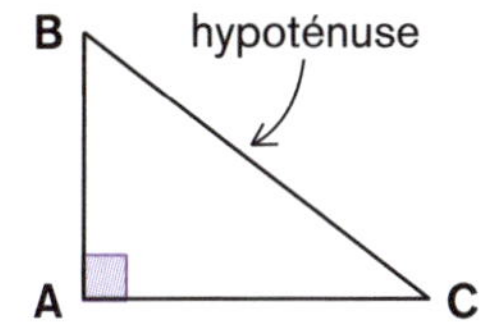

Les angles aigus sont complémentaires

$\widehat{B} + \widehat{C} = 90°$

Droites remarquables dans un triangle

Hauteur issue de A

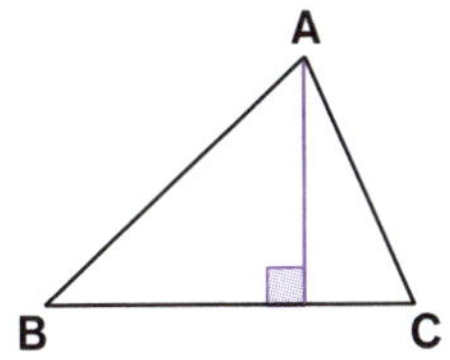

C'est la droite passant par le **sommet A** et **perpendiculaire** à (BC).

Médiane issue de A

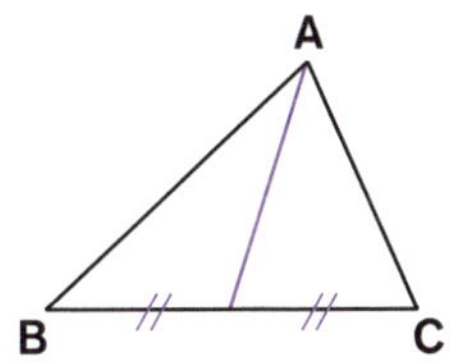

C'est la droite passant par le **sommet A** et le **milieu** de [BC].

Bissectrice de $\widehat{A}$

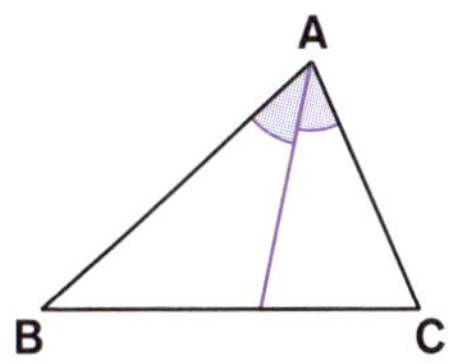

C'est la droite qui partage l'**angle $\widehat{A}$** en deux angles **égaux**.

Médiatrice issue de [BC]

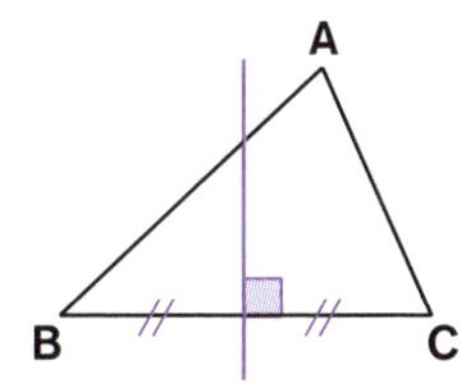

C'est la droite passant par le **milieu** de [BC] et **perpendiculaire** à (BC).

Cercle circonscrit à un triangle

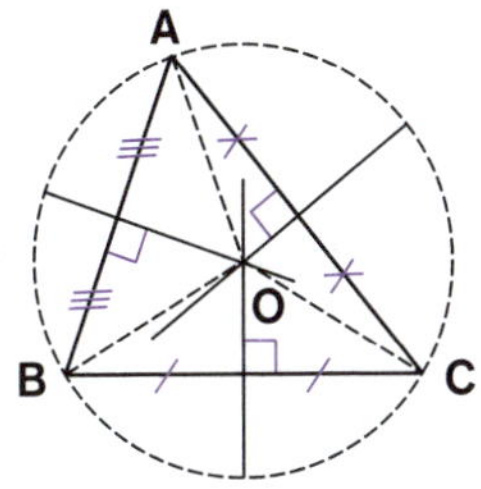

Les **médiatrices** des côtés sont **concourantes**.

Leur point de concours est le **centre** du cercle circonscrit au triangle.

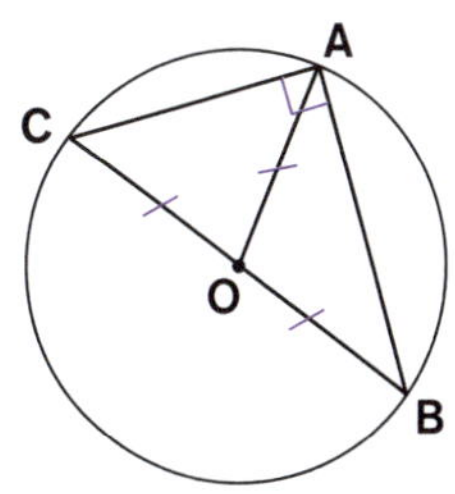

Le **centre** du cercle circonscrit à un triangle rectangle est le **milieu de l'hypoténuse**.

Symétries

Symétrie axiale

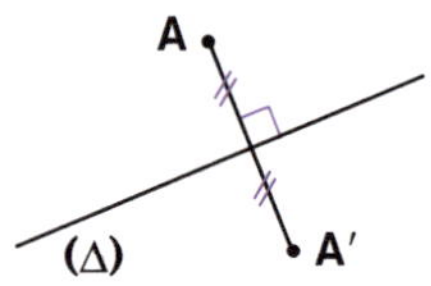

Deux points A et A' sont **symétriques** par rapport à la droite (Δ) lorsque (Δ) est la **médiatrice** de [AA'].

Symétrie centrale

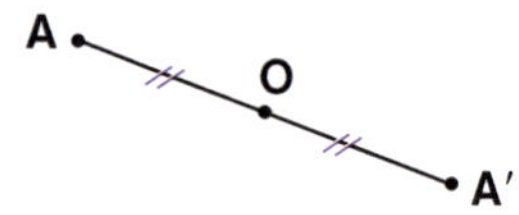

Deux points A et A' sont **symétriques** par rapport au **point O** lorsque O est le **milieu** de [AA'].

Les symétries conservent les distances, les aires, l'alignement, les angles, le parallélisme et l'orthogonalité.

Axes et centre de symétrie

Segment

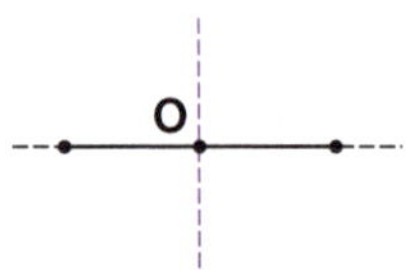

axes de symétrie : 2
centre de symétrie : oui

Cercle

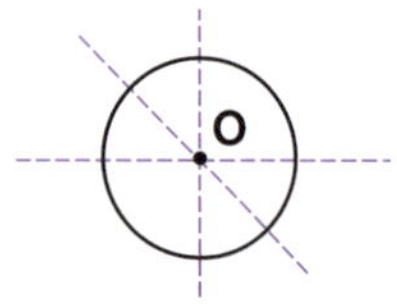

axes de symétrie : infinité
centre de symétrie : oui

Triangle isocèle

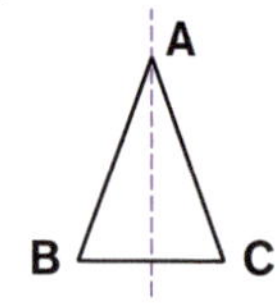

axes de symétrie : 1
centre de symétrie : non

Triangle équilatéral

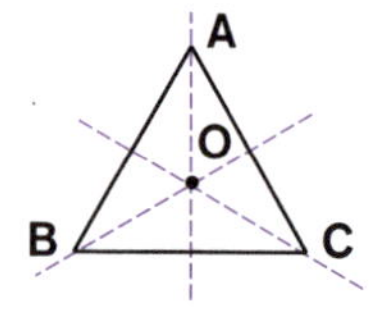

axes de symétrie : 3
centre de symétrie : non

Parallélogramme

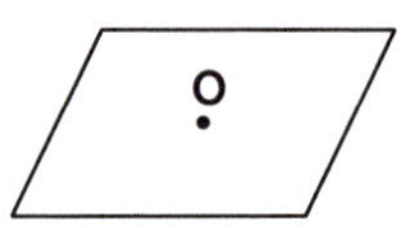

Rectangle

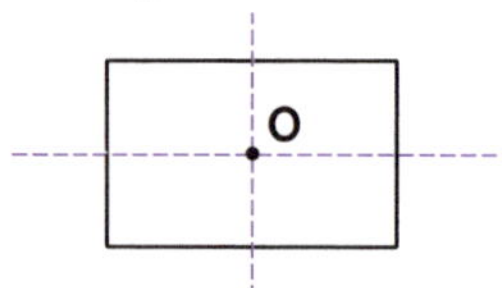

axes de symétrie : 2

Losange

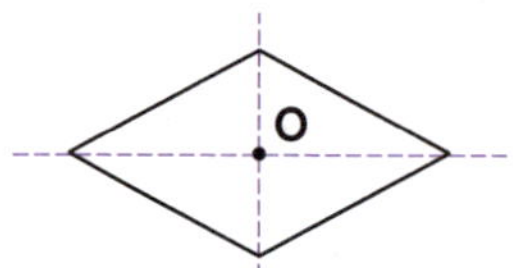

axes de symétrie : 2

Carré

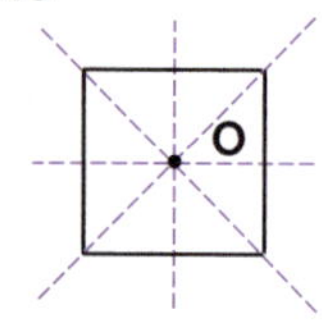

axes de symétrie : 4

Ces quatre quadrilatères ont pour centre de symétrie le point d'intersection des diagonales : O.

Aire et périmètre des surfaces

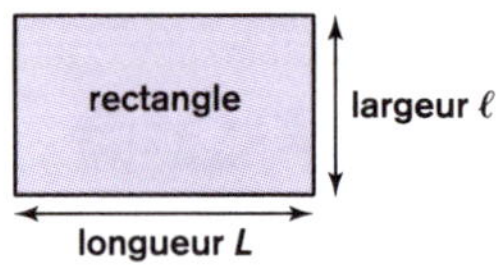

aire = $L \times \ell$

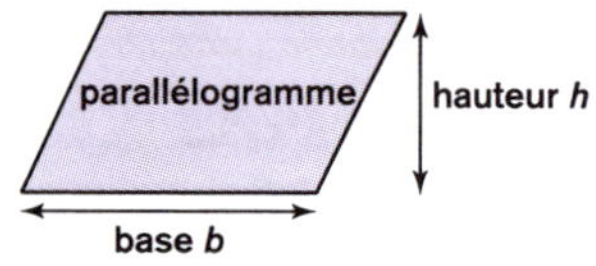

aire = $b \times h$

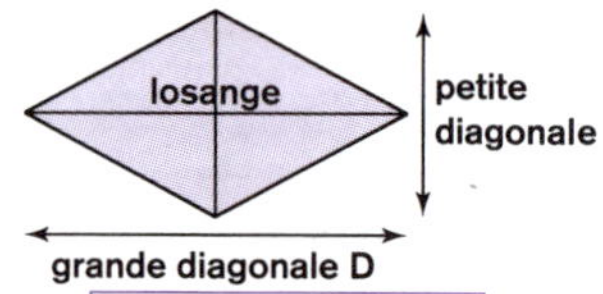

aire = $\dfrac{D \times d}{2}$

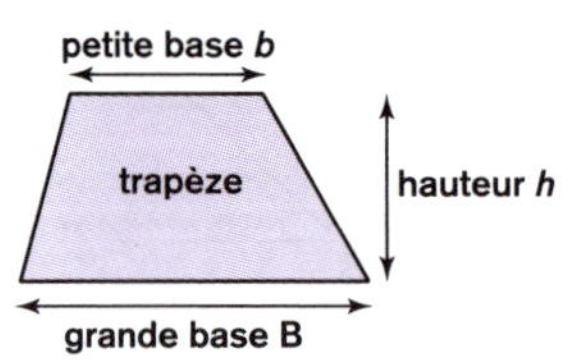

aire = $\dfrac{(B + b) \times h}{2}$

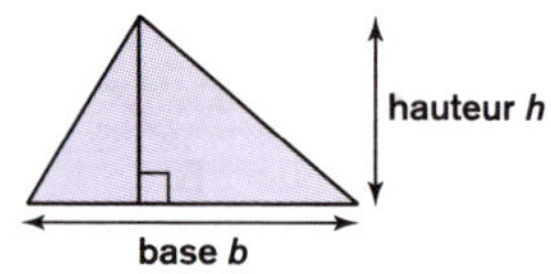

aire = $\dfrac{b \times h}{2}$

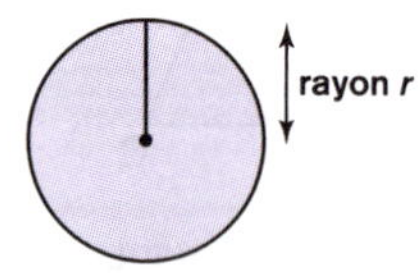

périmètre = $2\pi \times r$
aire = $\pi \times r^2$

Volume des solides

Cube

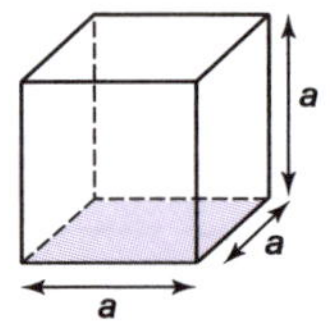

$V = a \times a \times a = a^3$

Parallélépipède

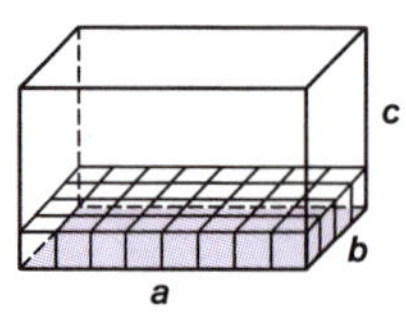

$V = a \times b \times c$

Cylindre de révolution

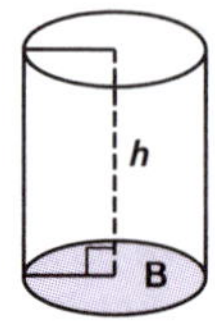

$V = B \times h$

Prisme droit

avec B :
aire de la base

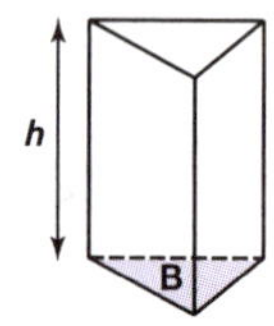

$V = B \times h$

Achevé d'imprimer en avril 2006 par Normandie Roto Impression s.a.s., 61250 Lonrai
N° d'imprimeur : 06-0819 - Dépôt légal : 72468 avril 2006 - Imprimé en France